OMNIA AUTEM PROBATE, QUOD BONUM EST TENETE

Omnia autem probate, quod bonum est tenete

Opstellen aangeboden aan Etienne D'hondt, bibliothecaris van de Maurits Sabbebibliotheek

uitgegeven door

Mathijs Lamberigts en Leo Kenis

Maurits Sabbebibliotheek
Faculteit Godgeleerdheid

Uitgeverij Peeters

Leuven
2010

Omslag: Miniatuur uit de Anjoubijbel, f° 308r (ca. 1340; Maurits Sabbebibliotheek)
Koning Robert I van Napels ontvangt de bijbel, gebonden in kostbaar goud; de knielende persoon is mogelijk de illuminator, Cristoforo Orimina, of de eigenaar, Niccolò Alunno d'Alife, secretaris van de koning.
(Foto Bruno Vandermeulen)

ISBN 978-90-429-2378-2
D/2010/0602/58

Inhoud

Inleiding

Terecht wordt de Maurits Sabbebibliotheek van de Leuvense Faculteit Godgeleerdheid een van de beste theologische onderzoeksbibliotheken genoemd. Niet alleen is haar algemene theologische moderne collectie zowel in de breedte als in de diepte met zorg en kennis samengesteld, bovendien heerst er door de aanwezigheid van tal van professoren, onderzoekers en studenten een sfeer van ingespannen ijver en concentratie. Niet voor niets zakken collega's-theologen uit de hele wereld naar Leuven af om er onderzoek te doen, of maken ze van een deelname aan een in Leuven georganiseerd congres gebruik om vlug nog eens de bibliotheek met een bezoek te vereren. Als onderzoeksbibliotheek met een verzorgde moderne collectie bezit de bibliotheek bovendien twee bijkomende troeven, die nog meer onderzoekers naar Leuven halen. Vooreerst functioneert ze als bewaarbibliotheek en speelt ze een voorname rol in het bewaren van het bibliografische geheugen van de theologie en religiewetenschappen. Verder is ze erkend als erfgoedbibliotheek en bewaart en behoedt ze een omvangrijke collectie van kostbare werken van de vijftiende tot de achttiende eeuw. Tegelijk dient de Maurits Sabbebibliotheek ook het onderwijs en ondersteunt ze onder meer via een specifieke onderwijscollectie studenten in het vertrouwd raken met de theologie.

Zoals de lezer in deze bundel zal leren, is het nochtans allemaal veel kleiner begonnen. Na de splitsing van de Leuvense unitaire universiteit kreeg onder impuls van Maurits Sabbe het idee van een eigen bibliotheek voor de Faculteit Godgeleerdheid vorm, in eerste instantie door het samenbrengen van een aantal collecties, vooral van de Vlaamse jezuïeten en van het grootseminarie van het aartsbisdom Mechelen-Brussel. Toen in 1974 het nieuwe bibliotheekgebouw in de de Bériotstraat werd geopend, telde de bibliotheek ongeveer 300.000 volumes, vandaag zijn dat er ongeveer 1.300.000. Ondertussen werd de evolutie naar de e-bronnen niet gemist en in een evenwichtige verwervingspolitiek ingepast. Ook de beschikbare ruimte voor boeken en werkplaatsen werd vergroot en zal binnenkort opnieuw uitgebreid worden. De faculteitsbibliotheek is inderdaad een dynamische instelling gebleken, tegelijk trouw aan haar opdracht een bevoorrechte onderzoeksomgeving te zijn voor de faculteit en haar gasten, en een belangrijke speler als theologische bewaar- en erfgoedbibliotheek.

Tot nu toe kende deze bibliotheek drie academische verantwoordelijken, Maurits Sabbe (1969-1989), Mathijs Lamberigts (1989-2000) en Leo Kenis (2000-heden), maar slechts één bibliothecaris: Etienne D'hondt (1969-2010). Hij is zowat de enige die de hele geschiedenis van de bibliotheek heeft doorgemaakt en actief heeft beïnvloed. Met recht kunnen we stellen dat de bibliotheek zijn levenswerk is. Hij heeft ze zien groeien tot wat ze nu is en heeft er in belangrijke mate mee zijn stempel op gedrukt. Voor vele studenten, medewerkers en professoren, voor vele gastonderzoekers en bezoekers is hij het vertrouwde gezicht van de Maurits Sabbebibliotheek. Hij was het vaak die hen rondleidde, informatie verstrekte, een contract gaf als jobstudent, terechtwees als de aanwijskaart niet goed stak, de nodige stilte en concentratie wist af te dwingen, en zo nodig studenten uit (vooral) andere faculteiten hiertoe de deur wees. Hij was het ook die de bibliotheek vertegenwoordigde en waar nodig verdedigde in universitaire en bibliothecaire commissies en verenigingen. Hij was het die op openingsrecepties van tentoonstellingen in de bibliotheek als laatste de voordeur afsloot. Het is van dit vertrouwde gezicht, van deze vleesgeworden rustige vastheid, dat de Faculteit Godgeleerdheid afscheid dient te nemen. De klok staat niet stil – de vijfenzestigste verjaardag kon niet blijvend uitgesteld worden. Op 28 februari 2010 nam Etienne afscheid als bibliothecaris van zijn geliefde bibliotheek. Als één rustpensioen welverdiend is, dan toch zeker dit. En ook nu zal de 'rust' wellicht ontbreken.

Voor de Faculteit Godgeleerdheid is haar bibliotheek haar onontbeerlijke partner, haar trotse kroonjuweel. Voor een faculteit die zich, naast het onderwijs, uitdrukkelijk ook op onderzoek wil profileren, is de Maurits Sabbebibliotheek een Godsgeschenk dat velen haar benijden. Ook vele anderen uit binnen- en buitenland maken er maar al te graag gebruik van. Het is Etiennes verdienste, samen met de academische verantwoordelijken en zijn medewerkers, dat de bibliotheek haar viervoudige opdracht tot op vandaag weet waar te maken als onderzoeks-, bewaar-, erfgoed- en onderwijsbibliotheek. De faculteit en universiteit kunnen hier niet dankbaar genoeg voor zijn.

Uit dankbaarheid voor zijn levenslange betrokkenheid en inzet bieden we daarom van harte deze bundel aan de gevierde aan. We opteerden ervoor een boek samen te stellen met bijdragen van enkele personen die professioneel dicht bij Etienne stonden – en van wie de meesten ook zijn vrienden werden. Hun bijdragen illustreren niet alleen de veelzijdigheid van het universitaire en theologische bibliotheekbedrijf, ze laten ook zien welke gewaardeerde rol Etienne D'hondt hier gedurende vele jaren heeft gespeeld.

Een eerste reeks artikelen is geschreven door personen die in de Leuvense universiteit met Etienne D'hondt hebben samengewerkt. In een eerste bijdrage geven *Mathijs Lamberigts* en *Leo Kenis* een overzicht van de evolutie die de bibliotheek van de Faculteit Godgeleerdheid sinds haar oprichting in 1974 heeft doorlopen. *Jan Roegiers*, voormalig hoofdbibliothecaris en archivaris van de Leuvense universiteit, brengt de theologische bibliotheek van de Oude Universiteit te Leuven in herinnering, evenals de figuren van Jan Frans van de Velde en Lodewijk Vincent Donche, belangrijk voor onze bibliotheekgeschiedenis. *Ludo Holans*, collega en kompaan van Etienne als bibliothecaris van de Campusbibliotheek Arenberg, presenteert enkele staaltjes niet alleen van oude drukken, maar ook van nieuwe elektronische mogelijkheden en instrumenten voor bibliotheekgebruikers. *Mel Collier*, hoofdbibliothecaris van de Universiteitsbibliotheek, richt, uitgaande van recente evoluties in de Leuvense bibliotheken, de blik naar de toekomst van de Universiteitsbibliotheek en formuleert strategieën die zich opdringen in een razendsnel veranderend informatietijdperk.

De contacten die Etienne D'hondt buiten de Leuvense universiteit als bibliothecaris heeft uitgebouwd, komen treffend tot uiting in drie bijdragen over verenigingen waarin hij actief is geweest. *Kris Van de Casteele*, bibliothecaris van het Theologisch en Pastoraal Centrum te Antwerpen, geeft een breed gedocumenteerd overzicht van de Vlaamse Vereniging van Religieus-wetenschappelijke Bibliothecarissen (de VRB), waarvan Etienne sinds 1986 de voorzitter is. Prof. Dr. *Heinz Finger*, directeur van de Erzbischöfliche Diözesan- und Dombibliothek Köln, bezorgt een grondige bijdrage over de Duitse Arbeitsgemeinschaft Katholisch-Theologischer Bibliotheken (AKThB), waar Etienne een graag geziene en hoog gewaardeerde gast is. *Penelope R. Hall*, secretaris van de Bibliothèques européennes de théologie (beter gekend als BETH), die bibliothecarissen uit heel Europa samenbrengt, geeft een overzicht van de activiteiten van deze internationale vereniging, waarvan Etienne twintig jaar als vice-president actief is.

Het boek wordt afgesloten met drie bijlagen, waarin bijzondere resultaten van het werk in de Maurits Sabbebibliotheek aan bod komen: twee lijsten van de door de bibliotheek uitgegeven wetenschappelijke reeksen (*Documenta Libraria* en *Instrumenta Theologica*) en een lijst met alle tentoonstellingen die in de Maurits Sabbebibliotheek werden gehouden.

Uit de verschillende bijdragen aan dit boek komt, naar wij hopen, ook de figuur van Etienne D'hondt in zijn gedrevenheid naar voren. Hoe die best typeren? De samenstellers van het boek vonden het bekende advies uit de eerste brief van Paulus aan de Thessalonicenzen (5,21) heel toepasselijk (en dat werd dan ook de titel van de bundel): *omnia autem probate, quod bonum est tenete* – "Keur alles, behoud het goede". Dat is de weg die Etienne in zijn talloze verkenningstochten, zijn aankoopbeleid, zijn selectie van duizenden en duizenden boeken volgde: met een brede, dynamische visie de in teksten neergeschreven getuigenissen en interpretaties van het enorme christelijke gedachtegoed uit heden en verleden opzoeken, niets over het hoofd zien, en dan wat goed en waardevol is bewaren. Vanuit deze visie is de unieke bibliotheek tot stand gekomen, waar wij allen trots op zijn en tot ons groot profijt gebruik van kunnen maken.

Tot slot wil ik graag de huidige academische bibliothecaris, Leo Kenis, danken voor de redactie van deze uitgave. De Uitgeverij Peeters dank ik voor haar generositeit bij het klaarmaken en uitgeven van deze bundel.

Het laatste dankwoord gaat uiteraard uit naar de gevierde, Etienne D'hondt. Duizend maal dank, Etienne, en *ad multos annos*.

Lieven Boeve
Decaan Faculteit Godgeleerdheid

De Maurits Sabbebibliotheek van de Faculteit Godgeleerdheid

Mathijs Lamberigts & Leo Kenis

Het verhaal van de Maurits Sabbebibliotheek van de Faculteit Godgeleerdheid (K.U. Leuven) is een onwaarschijnlijk verhaal[1]. Het begint in 1968, het jaar van de splitsing van de unitaire Katholieke Universiteit Leuven in een Nederlandstalige en een Franstalige entiteit, respectievelijk te Leuven en Louvain-la-Neuve gelokaliseerd. Deze splitsing leidde tot een verdeling van de universiteitsbibliotheek, die ook de theologische collectie zou treffen, aangezien de Faculteit Godgeleerdheid tot dan geen eigen bibliotheek bezat. De theologische bibliotheek was immers voor het grootste deel geherbergd in de Centrale Bibliotheek van de universiteit. Daarnaast beschikte het Hoger Instituut voor Godsdienstwetenschappen over een bescheiden handbibliotheek, die ongeveer 5000 banden telde, voornamelijk in verband met pastorale, catechetische en homiletische onderwerpen.

Een gebouw voor de toekomst

In de woelige jaren 1968-1969 besliste de universitaire overheid om een eigen bibliotheek te bouwen voor de theologen. Deze beslissing kaderde in de bredere filosofie om boekenbezit te decentraliseren en dichter bij de dagelijkse gebruiker te brengen. Ook de beslissing om de Nederlandstalige theologische faculteit een internationaal gewaardeerd onderzoekscentrum te laten blijven, speelde mee: dat was natuurlijk niet mogelijk zonder de nodige materiële zichtbaarheid.

Er werd besloten de theologische bibliotheek te bouwen in de Bériotstraat, in feite op de plaats waar tijdens het Ancien Régime het jezuïetenklooster en zijn bibliotheek hadden gestaan. De nieuwe

1. Voor deze bijdrage werd, voor de periode tot 1995, uitvoerig geput uit M. LAMBERIGTS, *De Faculteitsbibliotheek*, in L. GEVERS & L. KENIS (ed.), *De Faculteit Godgeleerdheid in de K.U. Leuven (1969-1995)* (Annua Nuntia Lovaniensia, 39), Leuven, University Press – Peeters, 1997, 267-288.

bibliotheek werd gebouwd recht tegenover het stadspark, op zo een manier dat de bibliotheekgebruiker kon genieten van het rustgevende groen van het park. Bij het bouwen van de bibliotheek werd rekening gehouden met volgende aspecten: ze moest architecturaal mooi maar functioneel zijn, ze diende een onderzoeksruimte te zijn voor professoren en studenten, en een groot aantal boeken en tijdschriften zouden door hun opstelling in open rek gemakkelijk voor ieder toegankelijk zijn[2]. Bovendien werd gestreefd naar ruime openingstijden, zodat de werken in de bibliotheek zelf konden geconsulteerd worden. De bibliotheek was immers opgevat als een presentiebibliotheek: alle boeken bleven in de bibliotheek zodat ze permanent voor alle bezoekers toegankelijk waren. Uiteraard dienden een hele reeks oude drukken, maar ook andere werken opgeslagen te worden in de kelders van de bibliotheek, maar zelfs hier was het streefdoel om binnen de kortst mogelijke tijd het aangevraagde boek aan de aanvrager te bezorgen, een stelregel die nu reeds meer dan veertig jaar van kracht is én gerealiseerd wordt.

Visionair was ook het idee om aan de professoren en studenten een werkplek in de bibliotheek te geven: vele interessante ideeën en projecten zijn in de loop van de voorbije 35 jaar door de dagelijkse interactie tussen onderzoekers tot stand gekomen. De professoren kregen een eigen werkkamer, de doctorandi een carrel[3]. Zoveel als mogelijk werd er naar gestreefd om aan de professoren een werkkamer te bieden op het niveau waar de boeken over hun onderzoeksdomein een plaats hadden gevonden: systematische theologie, moraaltheologie, missiologie en pastoraaltheologie waren ondergebracht op de eerste verdieping, exegese en kerkgeschiedenis van oudheid en middeleeuwen op de tweede verdieping, kerkgeschiedenis moderne en hedendaagse tijd, liturgie en kerkelijk recht op de derde verdieping. Dat zulke relatie tussen onderzoeksobject en onderzoeker de efficiëntie ten goede kwam, behoeft geen betoog.

Terzijde weze opgemerkt dat de ontwerpers van de bibliotheek zich terdege bewust waren van het feit dat cultuur meer is dan boeken. Precies daarom werd de inkomsthal van de bibliotheek zo geconcipieerd

2. Voor de details, zie LAMBERIGTS, *De Faculteitsbibliotheek*, p. 268-270.

3. Deze carrels boden aan doctorandi niet alleen de mogelijkheid om het materiaal, nodig voor hun doctoraatsonderzoek, veilig af te sluiten, maar lieten ook toe gebruik te maken van typemachines (in die tijd vaak nog luidruchtige toestellen) zonder de andere gebruikers te storen. Voor de studenten werden zowel in de consultatieruimte als op de verdiepingen werktafels voorzien.

dat ze ruimte bood voor de inrichting van alle soorten van tentoonstellingen[4].

Waar men aanvankelijk hoopte dat de werken zouden rond zijn bij de aanvang van de zomer 1971, bleek dit te hoog gegrepen en was het wachten tot 16 oktober 1974 vooraleer de bibliotheek plechtig werd geopend.

De uitbouw van een theologische collectie in de de Bériotstraat[5]

Een beloftevolle start

In de woelige maar boeiende beginperiode was het Maurits Sabbe (1924-2004), professor in de Bijbelexegese, president van het Pauscollege en academisch secretaris van de Nederlandstalige Faculteit Godgeleerdheid, die het initiatief tot de oprichting van een eigen faculteitsbibliotheek heeft genomen[6]. Reeds in augustus 1968 had hij gesprekken aangeknoopt met de Vlaamse jezuïeten in verband met het overbrengen van hun theologische bibliotheek van de Waversebaan 220 in Heverlee naar de de Bériotstraat 26 in Leuven. Deze gesprekken resulteerden in de ondertekening van een overeenkomst tussen de universiteit en de Vlaamse jezuïeten op 19 maart 1969[7]. De uitstekende bibliotheek van de jezuïeten telde op dat ogenblik ongeveer 220.000 banden en zou, na haar overbrenging naar het nieuwe bibliotheekgebouw in 1974, de hoeksteen worden van de theologische bibliotheek[8]. Deze bibliotheek bevatte in haar grote verscheidenheid een mooi evenwicht tussen werken over

4. Zie Leo KENIS (ed.), *Een uitgelezen kader. Architectuur en kunstcollectie van de Maurits Sabbebibliotheek Faculteit Godgeleerdheid K.U. Leuven*, Leuven, Peeters, 2004. Bijlage 3 in dit boek (p. 147-149) bevat een geüpdate lijst van alle 57 tentoonstellingen die in de bibliotheek werden gehouden.

5. In ons overzicht beperken wij ons tot de grotere collecties. Dit betekent niet dat kleinere schenkingen zoals die van de dominicanen in Leuven en Lier of van de karmelieten in Gent niet interessant zouden zijn, integendeel.

6. Zie Gilbert VAN BELLE (ed.), *In Memoriam Maurits Sabbe* (Annua Nuntia Lovaniensia, 50), Leuven – Parijs – Dudley, MA, Peeters, 2004. Na het overlijden van Maurits Sabbe besloot de Academische Raad, op voorstel van decaan M. Lamberigts, naar aanleiding van de dertigste verjaardag van de opening in oktober 2004, de theologische bibliotheek vanwege diens uitzonderlijke verdiensten naar hem te noemen.

7. Voor de details, zie LAMBERIGTS, *De Faculteitsbibliotheek*, p. 272-274.

8. Zie in dit verband Leo KENIS, *The Maurits Sabbe Library and Its Collection of Jesuit Books*, in Paul BEGHEYN, Bernard DEPREZ, Rob FAESEN, Leo KENIS (ed.), *Jesuit Books in the Low Countries 1540-1773. A Selection from the Maurits Sabbe Library* (Documenta Libraria, 38), Leuven, Peeters, 2009, XI-XIX, vooral p. XI-XIII.

exegese, kerkgeschiedenis, systematische theologie en moraaltheologie. In de loop van de jaren werd ze nog aangevuld met andere delen van de Heverleese jezuïetencollectie. In 2003 kwam de collectie Ignatiana en Jesuitica naar de theologische bibliotheek: dit zorgde voor een spectaculaire toename van de incunabelen en postincunabelen. Bovendien zat in de overgebrachte collectie ook een autograaf van Ignatius van Loyola. Van de jezuïetenbibliotheek kan men zonder overdrijving zeggen dat ze een model van geleerdheid was en is gebleven. Inderdaad, in de overeenkomst tussen universiteit en jezuïeten werd gestipuleerd dat de universiteit aan de jezuïeten jaarlijks een te indexeren huurgeld zou betalen, dat dan weer door de jezuïeten geïnvesteerd werd in de collectie, waardoor deze tot op vandaag is blijven aangroeien in de lijn van haar beste tradities. Men kan ze, in de volle zin van het woord, een dynamische collectie noemen.

Door een overeenkomst van 5 december 1969 werd het fonds 'Oude bibliotheek van het Aartsbisschoppelijk Seminarie te Mechelen' in depot gegeven. Te Mechelen had men immers besloten om na het studiejaar 1969-1970 het Grootseminarie van Mechelen naar Leuven over te brengen in een nieuwe locatie, het Johannes XXIII-seminarie. Tegelijk wilde men het oude fonds in zijn geheel bijeenhouden en ter beschikking stellen van onderzoek, een doelstelling die naadloos aansloot bij de facultaire ambities. Het oude fonds was vooral van belang voor de studie van de theologiegeschiedenis. Het bestond uit handschriften, wiegendrukken, postincunabelen (1501-1540) en andere drukken uit de zestiende tot en met de achttiende eeuw. Het was na de Franse Revolutie ontstaan uit een samensmelting van de oude seminariebibliotheek (1595-1798) en de oude bibliotheek van de aartsbisschoppen van Mechelen, vooral dan van Thomas Philippus kardinaal d'Alsace, die in 1719 een eigen bibliotheek had opgericht, die in 1738 was overgedragen aan het metropolitaans kapittel. De bibliotheek bevatte ongeveer 35.000 banden van voor de Franse Revolutie. In de collectie vindt men werken over het humanisme, jansenisme, gallicanisme en febronianisme. Ook is er een groot aantal werken over exegese, patrologie, mariologie, hagiografie, catechismussen en gebedenboeken.

Een andere belangrijke aanwinst kwam uit de Leuvense Universiteitsbibliotheek. Bij de verdeling der boeken werd het K.U. Leuven-deel uit het zogenoemde Bijbels seminarie (in feite Oud Testament), het Hellenistisch seminarie (in feite Nieuw Testament) en het seminarie Theologie van de Centrale Bibliotheek naar de theologische faculteit overgebracht.

Van bij de aanvang van het project Nederlandstalige Faculteit Godgeleerdheid waren de initiatiefnemers, decaan Frans Neirynck en academisch secretaris Maurits Sabbe, er zich van bewust dat het voor de internationale uitstraling van de faculteit van groot belang was om een internationaal programma aan te bieden. Om dat programma te bemannen werd overleg gepleegd met het Amerikaans College dat zeer positief stond tegenover het idee. Studenten van dit college gingen vanaf nu hun theologische vakken volgen aan de faculteit. Bovendien besloot het Amerikaans College om zijn bibliotheek van ongeveer 5000 volumes naar de theologische bibliotheek over te brengen.

Door de roepingencrisis verloren heel wat bibliotheken verbonden aan de studiehuizen van religieuze ordes en congregaties hun bestaansreden. Het strekt vele van hen tot eer dat ze datgene wat door hun voorgangers met zorg en vlijt verzameld was, naar de theologische bibliotheek hebben overgebracht. Dit is onder meer het geval voor de scholasticaatsbibliotheek van de oblaten, een collectie van ongeveer 20.000 banden, die in 1974 in de de Bériotstraat werd ondergebracht. Dat in deze collectie een ruim aandeel ging naar werken over missionering is evident. Voor een faculteit die voluit de weg van de internationalisering ingeslagen had, was het een buitenkans, met name ten behoeve van de belangrijker wordende groep derdewereldstudenten. Voorts was de bibliotheek ook rijkelijk voorzien van werken over de Franse kerkgeschiedenis, het modernisme en de geschiedenis van de eigen congregatie. Bovendien bevatte ze een opmerkelijke collectie over J. H. Newman, door de persoonlijke interesse van Robrecht Boudens (1920-2003), hoogleraar kerkgeschiedenis van de hedendaagse tijd aan de Faculteit Godgeleerdheid.

Bij de opening van de bibliotheek in oktober 1974 had de theologische faculteit dan ook een bibliotheek van ongeveer 300.000 banden tot haar beschikking[9], een beloftevolle start, zoals verder zal blijken.

Een constante uitbreiding

Binnen de optiek van groeiende internationale rekrutering was ook de komst van de filosofisch-theologische bibliotheek van de Missionarissen van het Heilig Hart in Heverlee in de periode 1977-1979 een goede zaak:

9. Zie M. SABBE (ed.), *De Bibliotheek van de Faculteit der Godgeleerdheid. Plechtige opening 16 oktober 1974* (Annua Nuntia Lovaniensia, 19), Leuven, Universitaire Pers, 1975.

de daar bijeengebrachte missiebibliotheek paste eveneens perfect in het nieuwe profiel van de faculteit en maakte het voor vele studenten mogelijk om, zeker voor het historische luik van hun doctoraatsonderzoek, adequate informatie over hun thuisland in de theologische bibliotheek aan te treffen.

In de opbouw van de collectie van de theologische bibliotheek was een belangrijke rol weggelegd voor de franciscanen. In 1981 werd de bibliotheek van de Ierse franciscanen in depot gegeven. Naast een reeks werken uit de negentiende en twintigste eeuw bezat deze collectie ook een duidelijke focus op de kerkgeschiedenis van de zestiende tot de achttiende eeuw. Met name in verband met de geschiedenis van de reformatie in Engeland, Schotland en Ierland maakte de theologische faculteit grote winst. Ook voor de geschiedenis van de Engelse en Ierse katholieken die naar het vasteland waren gevlucht, bleek deze verzameling ongemeen rijk en interessant. Op een moment dat de theologische faculteit in haar onderwijs- en onderzoeksprogramma's meer en meer aandacht kreeg voor de oecumene was de komst van werken over anglicanisme en Angelsaksische literatuur zeer welkom. Dat met de komst van deze bibliotheek de sectie Franciscana in de theologische bibliotheek aanzienlijk werd verrijkt, ligt voor de hand[10].

Nog belangrijker was de rol die de Vlaamse franciscanen voor de Maurits Sabbebibliotheek hebben gespeeld. In 1988 schonken ze hun theologische collectie uit Vaalbeek aan de Leuvense bibliotheek (45.000 banden en 200 tijdschriften). De bibliotheek was samengesteld uit de bibliotheken van het Limburgse Rekem (waar het filosoficum van de minderbroeders zich had bevonden) en van Sint-Truiden (studiehuis van de theologanten). De bibliotheek van Sint-Truiden was weliswaar op 11 mei 1940 verwoest maar ondernemende paters zoals de latere Leuvense professor Damien Van den Eynde (1902-1969) en de internationaal gerespecteerde specialist in verband met het jansenisme, Lucianus Ceyssens (1902-2001) trokken reeds tijdens de oorlogsjaren door West-Europa om de bibliotheek opnieuw op te bouwen[11]. Vooral de aandacht voor de eigen ordegeschiedenis zorgde ervoor dat

10. De 'Engelse' collectie werd nog verrijkt toen in februari 1985 de bibliotheek een reeks tijdschriften uit Britse bibliotheken, met name uit St. John's College Library in Nottingham en de New College Library in Edinburgh, in ontvangst mocht nemen via de Association of British Theological and Philosophical Libraries.

11. Voor een spannend geschreven verslag van deze avonturen, zie L. CEYSSENS, *De bibliotheek van het theologicum der minderbroeders. In memoriam 'de Theologicum'*, in *V.R.B.-Informatie* 20 (1990) 10-22.

het segment Franciscana in de Maurits Sabbebibliotheek nu wel zeer zichtbaar werd[12].

Een zeer belangrijke impuls, vooral voor de uitbouw van de collectie missiologie, werd gegeven door de Nederlandse franciscanen en met name door de Nijmeegse hoogleraar Arnulf Camps OFM (1925-2006), die besliste de Sint-Franciscusbibliotheek te schenken aan de Leuvense theologische faculteit[13]. De door Camps opgebouwde collectie was begonnen als een missiologische bibliotheek maar was door de jaren heen mee geëvolueerd met de veranderingen in dit onderzoeksgebied: er was aandacht voor de literatuur aangaande interreligieuze dialoog (de sectie islamologie heeft er voor gezorgd dat op een moment dat de aandacht voor deze godsdienst groeit, de Leuvense theologische bibliotheek een up-to-date collectie bezit) en vergelijkende godsdienstwetenschappen. Bovendien had Camps in zijn onderzoek steeds aandacht geschonken aan de ontwikkelingen van het christendom in het Verre Oosten, en dit al geruime tijd voor dat het Westen in het algemeen en Leuven in het bijzonder dit deel van de wereld zouden (her)ontdekken[14].

Dankzij de specifieke doelstellingen en interesses van collecties is het altijd de moeite waard ze binnen het grote geheel van een theologische bibliotheek een eigen plaats te geven. Zo schonk Jan Baken uit Zoersel in 1985 een met grote vlijt bijeengebrachte verzameling werken van en over de reeds vermelde kardinaal John Henry Newman, tot op vandaag een van de zwaartepunten in Leuvens onderzoek. De salesianen van Don Bosco uit Heverlee schonken in datzelfde jaar dan weer een reeks boeken en tijdschriften in verband met de geschiedenis van Don Bosco en de congregatie. Nog in 1985 werd op gezamenlijk initiatief van de Centrale Bibliotheek en de Maurits Sabbebibliotheek de bibliotheek van

12. Men mag inderdaad niet vergeten dat ook de Vlaamse minderbroeders een traditie van geleerdheid hadden opgebouwd, iets waarvoor tot op vandaag vele binnen- en buitenlandse onderzoekers hen blijvend dankbaar zijn. Illustratief in dit verband is het oeuvre dat zowel door Van den Eynde als door Ceyssens werd nagelaten. Zie L. CEYSSENS, *Eynde, Marcel van den*, in *NBW* 14, Brussel, 1992, k. 187-190; M. LAMBERIGTS, *In Memoriam Lucien Ceyssens (1902-2001)*, in *ETL* 77 (2001) 537-540.

13. E. D'hondt en M. Lamberigts hadden gedurende een zestal jaren het genoegen bij elk 'transport'-bezoek ook te mogen genieten van de enorme gastvrijheid van een aimabel mens en een groot geleerde: het verhuizen van boeken heeft naast zijn lasten ook zijn lusten. Zie over Arnulf Camps: *Pelgrim en missioloog. Levensweg van een Nijmeegse hoogleraar. Autobiografische aantekeningen*, bewerkt door Vefie POELS (Memoreeks, 21), Nijmegen, Valkhof Pers, 2006.

14. Onnodig te zeggen dat via het LIBIS-systeem, naast het materiaal voorhanden in de bibliotheek van sinologie, ook heel wat informatie te vinden is in de *Scheut Memorial Library*.

de redemptoristen aangekocht. Het werk van de redemptoristen is geconcentreerd op drie niches: de Grieks-katholieke ritus, de volksmissies en de missionering in het algemeen. Met name in verband met de eerste kernactiviteit is het interessant vast te stellen dat na de val van de Berlijnse Muur en het uiteenvallen van de Sovjetunie met de komst van Grieks-katholieke studenten uit Oekraïne deze collectie een troef werd om beloftevolle studenten naar Leuven te halen. Hier vindt men een goed voorbeeld van de filosofie die steeds door Maurits Sabbe en Etienne D'hondt in verband met het verzamelen van collecties werd gehanteerd: wie attractief wil zijn voor buitenlanders, moet in zijn bibliotheek een sterke verzameling werken rond een bepaalde sectie bezitten. Wacht men eerst op de komst van studenten en begint men pas dan aan collectieopbouw te doen, dan komt men "de mis te laat".

Dat de ene missiebibliotheek niet noodzakelijk een doorslag hoeft te zijn van een andere, werd duidelijk in 1985-86: de bibliotheek van de Priesters van het Heilig Hart in Leuven vond in dat jaar haar thuishaven in de theologische bibliotheek. Ze was niet alleen van belang voor de missionering in Congo, maar ook in Brazilië. Bovendien bevatte ze een bijzondere collectie geografie in verband met Afrika[15]. Wanneer men het heeft over Vlaanderens bijdrage aan de missionering, kan men evident niet zwijgen over Scheut. Hier mag de uitzonderlijke inzet van Prof. Daniël Verhelst (1933-2007), hoogleraar Middeleeuwse geschiedenis en jarenlang docent aan de theologische faculteit, niet vergeten worden. Deze scheutist heeft gedurende jaren zelf het bestand dubbelen uit de Scheutbibliotheek (gevolg van het samensmelten van diverse bibliotheken) naar de theologische bibliotheek overgebracht, waardoor ook het segment rond de missionaire congregatie van Scheut op een hoog niveau werd gebracht. De collectie missiologie werd nogmaals verrijkt in 1991, toen een groot gedeelte van de collectie van het studiecentrum *Pro Mundi Vita* uit de Parkabdij in Heverlee naar Leuven werd gebracht.

Soms gebeurt de overdracht van een bibliotheek in bewegingen. Dit is het geval geweest voor de bibliotheek van het *Collegium pro America Latina*. In een eerste beweging werd besloten om deze bibliotheek te laten invoeren in het LIBIS-systeem. De collectie telde 12.000 boeken en was met name voor het voor de theologische faculteit belangrijke speerpunt bevrijdingstheologie van groot belang, precies omdat de collectie

15. In 1990 kwam ook de bibliotheek van de Priesters van het Heilig Hart in Etterbeek naar Leuven.

zich had toegelegd op het continent waar deze theologie was ontstaan, Latijns-Amerika. Toen het college verkocht werd aan de K.U. Leuven, werd, onder impuls van de toenmalige directeur Jan Dumon, in de jaren 2002-2003 de collectie overgebracht naar de theologische faculteit.

De vermelde collecties zijn op een moment dat grote debatten worden gevoerd over de legitimiteit van pluraliteit in het theologische discours en de interreligieuze dialoog hoog op de theologische agenda staat, van uitnemend belang voor het aan de faculteit verrichte onderzoek. De collecties laten immers goed zien dat men bij zulke dialoog steeds rekening moet houden met specifieke contexten en eigensoortige geografische en inhoudelijke ontwikkelingen binnen de godsdiensten waarmee men in gesprek wil treden. Precies de aanwezigheid van verschillende collecties met eigen aandachtspunten maakt duidelijk dat oppervlakkige universele uitspraken in deze ingewikkelde materie uit den boze zijn. De aanwezigheid van materiaal vóór het onderzoek begint, zo kon Etienne laten zien, belet dat het onderzoek zijn eigen wetmatigheden gaat opleggen door zelf het materiaal vanuit de eigen interesse te gaan aanleggen.

Een heel bijzondere bibliotheek is die van de montfortanen. Deze congregatie legt zich toe op de promotie van een verantwoorde Maria-devotie. In die context werd een indrukwekkende Mariale bibliotheek uitgebouwd, waarbinnen de sectie kostbare oude drukken een centrale plaats bekleedde. Deze Mariale bibliotheek is volledig ingevoerd in het Leuvense bibliothecair systeem en heeft sinds 2000-2001 een eigen plaats in de bibliotheek gekregen. De oude drukken waren reeds in 1995 in bewaring gegeven in de Maurits Sabbebibliotheek en ondertussen volgens de geldende standaardregels voor de beschrijving van oude drukken volledig ingevoerd en maximaal ontsloten[16].

In het begin van het derde millennium beslisten de Nederlandse jezuïeten om hun rijke bibliotheek van het Berchmanianum te Nijmegen in Leuven in depot te geven. De Nederlandse jezuïeten hadden namelijk met eigen ogen kunnen vaststellen hoe de bibliotheek van hun Vlaamse ordegenoten in de theologische bibliotheek geïntegreerd was en tot haar volle recht kwam als onderzoeksbibliotheek. Het probleem bestond erin de nodige ruimte te vinden om deze collectie een passend onderdak te geven. Snel kon echter een oplossing gevonden worden (cf. *infra*) en

16. Zie F. GISTELINCK (ed.), en collaboration avec B. CORTINOVIS, G. HENDRIX et J. ROEGIERS, *Bibliotheca Mariana Lovaniensis. La bibliothèque Mariale de Banneux-Notre-Dame, une collection montfortaine dans la bibliothèque de la Faculté de Théologie de la K.U. Leuven* (Documenta Libraria, 18), Leuven, Bibliotheek van de Faculteit der Godgeleerdheid, 1997.

vanaf 2006 bevindt het boekenbestand van het Berchmanianum zich te Leuven. Deze mooie bibliotheek bevat naast werken in verband met theologie en spiritualiteit ook heel wat publicaties van Nederlandse jezuïeten, zeldzame werken, atlassen en een belangrijke collectie emblematische werken. Deze werken, die reeds in PICA zaten, zijn sinds 7 januari 2010 geconverteerd naar LIBIS en dus direct voor de onderzoeker zichtbaar. De collectie preciosa, waarvoor andere bibliografische vereisten dienen gevolgd te worden, is ondertussen ook voor een flink deel verwerkt en in de LIBIS-catalogus te vinden[17].

Ondertussen had het bestuur van de International Academy for Marital Spirituality (INTAMS) in 2004 besloten aan de Faculteit Godgeleerdheid een leerstoel op te richten voor de studie van huwelijk en spiritualiteit. Beslist werd ook om de terzake zeer gespecialiseerde bibliotheek van dit instituut naar Leuven over te brengen, niet alleen vanwege de creatie van de leerstoel, maar ook omdat deze 10.000 banden tellende bibliotheek, waarvan de conversie ondertussen succesvol is verlopen, zowel voor pastoraaltheologie als voor theologische ethiek zeer relevant is. Bovendien vormde ze een waardevol, internationaal georiënteerd pendant van de in 2002 naar Leuven gekomen bibliotheek van de Interdiocesane Dienst voor Gezinspastoraal (IDGP).

Binnen de franciscaanse beweging komt een heel eigen plaats toe aan de kapucijnen. Deze tak van de orde der minderbroeders keerde in het eerste kwart van de zestiende eeuw terug naar de oorspronkelijke eenvoud van de tijd van Franciscus en volgde opnieuw de strenge regel van Franciscus. De bibliotheek in het Leuvense huis kreeg in 1979 de opdracht om alle in de Vlaamse provincie aanwezige Franciscana te verzamelen. Deze bibliotheek werd in 2007 overgebracht naar de theologische bibliotheek. Tevens creëerden kapucijnen en universiteit een fonds dat een snelle verwerking van deze rijke bibliotheek met vele belangrijke oude drukken mogelijk heeft gemaakt.

Ook de eigen Leuvense theologen blijken een bijzondere band met hun bibliotheek te hebben: de dogmaticus Gerard Philips (1899-1972), de exegeet Joseph Coppens (1896-1981), de moraaltheoloog Louis Janssens (1908-2001), de systematische theoloog Piet Fransen (1913-1983) en de kerkhistoricus Karel Blockx (1925-1983) hebben hun persoonlijke bibliotheek aan de faculteitsbibliotheek nagelaten. Zij behoorden allen nog tot de generatie van theologieprofessoren die thuis een gespecialiseerde

17. De verwerking van de preciosa der jezuïeten bevindt zich reeds in een ver gevorderd stadium; zie de website http:/www.jesuitica.be.

bibliotheek hadden opgebouwd, wat met name in verband met Augustinus, Erasmus, Luther, universiteitsgeschiedenis, personalisme, Trente, Vaticanum I en II voor belangrijke aanwinsten zorgde. Jan Grootaers, eminent Vaticanum II-specialist, schonk dan weer een hele collectie werken en bandopnames rond Vaticanum II aan de bibliotheek[18].

Ondertussen zijn er over meerdere jaren gespreid nog andere collecties, zoals die van de jozefieten in Melle, naar Leuven gekomen. Ze vullen het reeds aanwezige boekenbezit aan en verfijnen het, mede door de eigen accenten die al deze ordes en congregaties vanuit hun eigen inspiratie hebben gelegd.

Het zal duidelijk zijn dat vooral de integratie van de genoemde bibliotheken van ordes en congregaties een enorme verrijking van de bibliotheek betekende. De Maurits Sabbebibliotheek heeft haar kwantitatieve en kwalitatieve groot(s)heid te danken aan de vrijgevigheid van Vlaamse en Nederlandse religieuze ordes en congregaties. Deze ontwikkeling had natuurlijk ook te maken met de noodzaak tot rationalisatie waar vrijwel alle religieuze gemeenschappen in de voorbije decennia mee geconfronteerd werden. Etienne D'hondt heeft zelf in 1995 een zeer informatief overzicht gegeven van de toenmalige situatie van de Belgische klooster- en abdijbibliotheken[19]. Hier wordt duidelijk wat toen al gerealiseerd was, en meer bepaald welke rol de Leuvense Universiteitsbibliotheek en de Maurits Sabbebibliotheek in dat proces van behoud van religieus-theologisch erfgoed hebben gespeeld. Dat proces is nog niet ten einde en voor ieder die zich het lot van het Vlaamse religieuze erfgoed aantrekt, is waakzaamheid geboden.

Actieve collectievorming

Naast deze enorme aangroei door de integratie van bestaande bibliotheken heeft de Maurits Sabbebibliotheek uiteraard zelf een zeer actieve collectievorming ontwikkeld. Zo kon ze de hoge wetenschappelijke standaard aanhouden die van bij de aanvang met name door de voortreffelijke

18. Een van de onderzoekscentra die zich in de Maurits Sabbebibliotheek bevinden is het Centrum voor Conciliestudie Vaticanum II; zie K. SCHELKENS, *The Centre for the Study of the Second Vatican Council in Leuven. Historical Developments and List of Archives*, in *ETL* 82 (2005) 205-299.

19. E. D'HONDT, *Auflösung und Zusammenschluß von Kloster- und Abteibibliotheken in Belgien*, in *Mitteilungsblatt der Arbeitsgemeinshaft katholisch-theologischer Bibliotheken (AKTHB)* 42 (1995) 33-45.

jezuïetencollectie was gezet. De Faculteit Godgeleerdheid heeft heel die tijd meer dan de helft van haar werkingskrediet in de bibliotheek geïnvesteerd. Door een intensieve acquisitiepolitiek werden boeken en tijdschriften over alle aspecten van het christendom, de christelijke theologie en religieuze en wereldbeschouwelijke domeinen die daarmee verband houden aangekocht. In de Vlaamse context vervult de bibliotheek zodoende in feite de rol van enige algemene collectieverwerver, vergelijkbaar met de Duitse 'Sondersammelbibliotheke'.

In de Faculteit Godgeleerdheid behalen jaarlijks minstens twintig studenten een doctoraat. Het is een constante zorg van de bibliotheek geweest om in de domeinen waarin deze studenten hun proefschrift voorbereidden, alle relevante literatuur in huis te halen. In de voorbije jaren was de Faculteit Godgeleerdheid zeer succesvol in het verwerven van onderzoeksmiddelen. Via deze weg kwamen er extra-middelen naar de bibliotheek, en zo werd de bibliotheek voor bepaalde domeinen een expertisecentrum bij uitstek.

Daarbij heeft de universitaire overheid van bij de aanvang tot op vandaag het belang van de theologische bibliotheek voor het universitaire bibliotheekwezen steeds erkend en daarom de bibliotheek niet alleen moreel maar ook reëel financieel ondersteund. De bibliotheek is immers, zoals ons overzicht heeft duidelijk gemaakt, niet alleen een thuishaven voor theologen en godsdienstwetenschappers, ze bevat ook materiaal dat van belang is voor onderzoekers uit vele andere disciplines: kunsthistorici, filologen, filosofen, byzantinisten, specialisten in de geschiedenis van de wetenschappen en de geneeskunde.

En dan zijn er nog de vele, vaak anonieme weldoeners die in stilte middelen vrijmaakten en -maken om dit grote project mogelijk te maken. Iedereen is het er over eens dat de middelen uit de eerste geldstroom onvoldoende zijn om een onderzoeksbibliotheek die naam waardig op niveau te houden. Dat de theologische bibliotheek daar wel in geslaagd is, is de verdienste van velen binnen en buiten de universiteit. Het is ook de verdienste van de opeenvolgende faculteitsbesturen die, ook in tijden van crisis, hun steun aan de bibliotheek onverminderd voortzetten, in het besef dat een faculteit die haar labo begint te verwaarlozen, op termijn haar eigen ruiten ingooit.

Een Collectio imperfecta

Wanneer men al het voorgaande overschouwt, is duidelijk dat men kan spreken van een indrukwekkende collectie. Zijn er dan geen lacunes?

Toch wel en meer bepaald in verband met het protestantisme tijdens het Ancien Régime[20]. Natuurlijk zijn de werken van en vele standaardwerken over de reformatoren in de theologische bibliotheek aanwezig. Dankzij de American Theological Library Association kon in 1987 zelfs het *Corpus Schwenckfeldianum* verworven worden, een goudmijn in verband met de werken en brieven van de irenische protestant Caspar Schwenckfeld (1488-1561), ook al is deze markante figuur tot op vandaag voor velen een illustere onbekende. Toch blijven zeker voor het protestantisme uit de zeventiende, de achttiende en de eerste helft van de negentiende eeuw nog heel wat hiaten bestaan. Precies hierdoor gebeurt er weinig onderzoek over soms interessante figuren uit het protestantisme en hun 'interactie' met de katholieke Kerk.

Noodzakelijke uitbreiding van de ruimte

Keren we even terug in de tijd, dan kunnen we constateren dat bij de planning eind jaren 1960 werd uitgegaan van een bibliotheek met een omvang van ongeveer 400.000 boeken. Reeds in 1980 bleek deze planning achterhaald, maar zieners als Paul van Aerschot, pater Maurits De Tollenaere en Maurits Sabbe hadden dat al begrepen nog voor het gebouw af was. De bibliotheek was dan wel op papier bemeten op 400.000 boeken, in theorie kon ze in 1974 600.000 banden aan, in de praktijk bleek ze in staat ongeveer het dubbele, 800.000 banden te (ver) bergen. Maar op het ogenblik dat de collectie van de Vlaamse minderbroeders in ontvangst werd genomen, zat de bibliotheek overvol. Gelukkig bleek er onder het Maria-Theresiacollege nog een 'nutteloze' ruimte te zijn, met een uitstekend gewelf én een droge vloer (de Sint-Michielskerk is een van de hoogste punten van Leuven). De universiteit onder leiding van rector Roger Dillemans en algemeen beheerder Karel Tavernier toonde zich bereid om deze kelder uit te diepen en in te richten voor de collectie uit Vaalbeek. Maurits Sabbe trok rond bij vele weldoeners om de middelen te verzamelen voor de installatie van de rekken. Een jaar

20. Natuurlijk zijn ook in verband met de Russisch-orthodoxe Kerk lacunes vast te stellen, maar hier geldt toch dat de gebruikers van de Leuvense theologische bibliotheek tot voor kort de taal niet konden lezen, dat door de politieke situatie in de USSR de theologische productie bescheiden en zeker niet altijd van academisch niveau was, en dat echte interactie tussen deze kerken en het Westen zeer beperkt was. De goede contacten tussen Etienne D'hondt en Pierre Beffa (Wereldraad van Kerken) hebben een goed deel van dit hiaat (van westerse zijde) kunnen vullen.

later was de nieuwe Jozef II-kelder klaar en hij werd feestelijk geopend op 20 oktober 1989, de dag dat Maurits Sabbe op emeritaat ging.

Een voorlopig laatste uitbreiding was nodig met het oog op de mogelijke komst van de collectie der jezuïeten uit het Berchmanianium in Nijmegen naar Leuven. Probleem was opnieuw om de nodige ruimte te vinden. Op een van de eerste academische raden van het academiejaar 2003-2004 deelde rector Oosterlinck mee dat men zuinig diende te zijn met de middelen. Op woensdag had M. Lamberigts een afspraak bij dezelfde rector om te spreken over de mogelijkheid om voor de schitterende Nederlandse jezuïetencollectie in Leuven een ruimte te creëren. Dezelfde rector, die op maandag zei dat er geen geld meer was, besliste op woensdag binnen de 20 minuten dat hij de middelen zou vrijmaken voor het inrichten van een nieuwe kelder in de parking onder de Pieter de Someraula, een oplossing die Etienne D'hondt had aangereikt. Algemeen beheerder Vic Goedseels en architect Piet Phlips zorgden ervoor dat de kelder binnen het jaar volledig was ingericht en in 2006 werd de bibliotheek van Nijmegen naar Leuven overgebracht.

Veraf en toch dichtbij

De nieuwe informaticaontwikkelingen bieden ook aan het bibliotheekwezen veel mogelijkheden. In dit verband kan gewezen worden op het feit dat er, op advies van Etienne D'hondt, bijvoorbeeld een overeenkomst gesloten is met het Augustijns Historisch Instituut (Heverlee) van de paters augustijnen, waar sinds 1991 de collectie via LIBIS toegankelijk is gemaakt voor het Leuvens en internationaal Augustinusonderzoek. Bovendien werden er goede afspraken gemaakt: het instituut, gespecialiseerd in onderzoek naar Augustinus en de orde der augustijnen, staat garant voor de aankoop van alle belangrijke literatuur in beide domeinen én stelt zijn deuren gastvrij open voor alle Leuvense onderzoekers. Beide instellingen profiteren van deze overeenkomst: studenten vinden de weg naar Heverlee en laten de daar sinds 1950 opgebouwde collectie renderen, de Leuvense universiteit en faculteit kunnen de aldus uitgespaarde middelen op een andere wijze inzetten. Andere bibliotheken die via het LIBIS-systeem *in religiosis* een belangrijke inhoudelijke extensie vormen bij het in de theologische bibliotheek voorhanden materiaal, zijn o.a. de bibliotheek van het Grootseminarie van Brugge (met een zeer waardevolle collectie ouden drukken en manuscripten), de *Scheut Memorial Library*, de Don

Boscobibliotheek in Oud-Heverlee, de bibliotheek van de montfortanen en de bibliotheek van de karmelieten in Brugge.

Maar ook in het centrum van Leuven zelf bevindt de bibliotheek zich middenin een netwerk van bibliotheken van de campus Humane Wetenschappen (filosofie, letteren, economie, psychologie en pedagogische wetenschappen, sociale wetenschappen, rechten), van het KADOC en van de Centrale Bibliotheek. Gespreid rond het Stadspark vormen al die bibliotheken een unieke concentratie van wetenschappelijke onderzoekscentra. De complementariteit van de bibliotheken komt ook steeds meer tot uiting in een onderling afgestemd acquisitiebeleid, in de eerste plaats van (elektronische) tijdschriften.

Op deze plaats past een kort woord over de betekenis van de bibliotheek voor het onderwijs aan de faculteit. Binnen enkele jaren zal een leercentrum Humane Wetenschappen eveneens middenin de stadscampus functioneren en alle mogelijke faciliteiten voor diverse leeractiviteiten aanbieden. De theologische faculteit heeft dergelijke integratie van bibliotheek en onderwijs al vele jaren trachten te realiseren. Daartoe worden de studenten van bij het begin vertrouwd gemaakt met hun bibliotheek, de werkinstrumenten én de aanwezige boekencollectie zelf. Hierbij wordt uitgegaan van de doelstelling, onderwijs en onderzoek in het curriculum niet te lang van elkaar gescheiden te houden, maar ze van bij de aanvang op elkaar af te stemmen en zo studenten een beginnende onderzoekshouding aan te leren.

Symbiose tussen boek en onderzoek

Sinds de oprichting van de theologische bibliotheek zijn er binnen haar schoot een reeks facultaire onderzoekscentra opgericht. Men mag hier spreken van een echte symbiose: de aanwezige collecties nodigen uit tot onderzoek, bepalen onderzoekszwaartepunten, terwijl tegelijk via dit onderzoek de collecties worden geoptimaliseerd[21].

Bij de oude drukken komt daar nog bij dat ze, door hun 'leeftijd' en waarde, een verhaal meebrengen dat vaak de pure inhoud van het boek overstijgt: de boekband op zich, de herkomst(en), de tochten doorheen de tijd, het zijn allemaal aspecten die bijdragen tot een beter verstaan van onze culturele geschiedenis. Het zijn bovendien aspecten

21. Zie LAMBERIGTS, *De Faculteitsbibliotheek*, p. 284-286.

die interdisciplinair onderzoek stimuleren en duidelijk maken dat ook in de geesteswetenschappen teamwork zijn weg heeft gevonden.

Ontsluiting van erfgoed

Door het zorgvuldig verzamelen en bewaren van haar collecties levert de Maurits Sabbebibliotheek een bijdrage aan het behoud van het Vlaamse culturele erfgoed. Immers, vele ordes en congregaties zijn, zo blijkt uit de collecties, dragers en overdragers van een rijk verleden. De bibliotheekverantwoordelijken in de diverse instellingen koppelden scherpzinnigheid aan onvoorwaardelijk engagement voor de gemeenschap waaraan ze hun leven verbonden hadden. De schatten die zij verzamelden mogen niet onder de korenmaat staan maar moeten voor de gemeenschap in steeds veranderende tijden opengesteld worden. De nieuwe media maken hier veel mogelijk en ieder die begaan is met het behoud van ons cultuurerfgoed, moet het als zijn plicht beschouwen om het in het verleden met zorg opgebouwde materiaal zo toegankelijk mogelijk te maken.

Op het vlak van de ontsluiting van dit erfgoed is in de voorbije jaren in de theologische bibliotheek enorm veel gebeurd. Alle incunabelen en post-incunabelen zijn ingevoerd[22]. En overigens komen zelfs op dit domein, dat men gemakkelijk als 'afgesloten' beschouwt, tot op vandaag nog steeds nieuwe drukken boven[23]. Mede door de versterking van het personeel in de sectie oude drukken kunnen wij vandaag stellen dat de zestiende eeuw verwerkt is. Ook grote delen van de zeventiende en achttiende eeuw zijn ingevoerd, ondermeer dankzij een reeks projecten als het BBTK-project rond het jansenisme en het genereus door de Vlaamse jezuïeten ondersteunde project rond Ignatiana en Jesuitica. De geleverde inspanningen zullen in de komende jaren onverkort worden voortgezet.

De theologische faculteit heeft daarbij op het vlak van ontsluiting van erfgoed een resolute stap gezet door haar participatie aan LIAS, het Leuvens Integraal ArchiveringsSysteem. Dit project, waarvan de faculteit samen

22. Zie Frans GISTELINCK & Maurits SABBE (ed.), *Early Sixteenth Century Printed Books (1501-1540) in the Library of the Faculty of Theology* (Documenta Libraria, 15), Leuven, Bibliotheek Godgeleerdheid – Peeters, 1994.

23. Nauwelijks tien jaar na de publicatie bij de afwerking van de invoer van de post-incunabelen, moest al een supplement worden uitgegeven: Frans GISTELINCK & Luc KNAPEN (ed.), *Early Sixteenth Century Printed Books (1501-1540) in the Library of the Faculty of Theology. Supplement: Ten Years of Acquisitions (1994-2004)* (Documenta Libraria, 30), Leuven, Bibliotheek Godgeleerdheid – Peeters, 2004.

met KADOC, de Universiteitsbibliotheek, het Universiteitsarchief en LIBIS initiatiefnemer was, is een digitaal systeem voor de archivering van elektronische bestanden. De theologische faculteit participeert in het project in de eerste plaats omdat het de mogelijkheid biedt om met name oude kostbare drukken in te scannen en ter beschikking te stellen in hoge kwaliteitsbeelden, vergezeld van uitvoerige indexen. Met dit nieuwe instrument is de basis gelegd van een toekomstige digitale ontsluiting van de erfgoedcollectie van de Maurits Sabbebibliotheek[24].

Zo zal, ten slotte, ook het 'kroonjuweel' van de bibliotheek, de Anjoubijbel, volledig ontsloten worden. Dit rijkelijk geïllustreerde veertiendeeeuwse handschrift, sinds 2008 opgenomen in de topstukkenlijst van het cultureel erfgoed van de Vlaamse Gemeenschap, wordt door Illuminare, het Leuvens Studiecentrum voor miniatuurkunst (o.l.v. Prof. Jan Van der Stock) en het Koninklijk Instituut voor het Kunstpatrimonium volledig gerestaureerd en gedigitaliseerd. Bij de afronding van het restauratieproject zal de bijbel in december 2010 te bewonderen zijn op een tentoonstelling in het Leuvense museum M.

De uitdaging van de nieuwe media

Met de vermelde digitaliseringsprojecten zijn we in de meest geavanceerde bibliotheektechnologie beland. Op dit vlak is, zoals bekend, het laatste decennium de wereld veranderd. Wanneer pakweg tien jaar geleden studenten en onderzoekers in de humane wetenschappen op zoek waren naar algemene gegevens over een figuur, een instelling, een beweging, een orde, congregatie of land, dan grepen ze naar lexica, encyclopedieën en andere naslagwerken. Vandaag gebruiken ze Google, Wikipedia en andere hulpinstrumenten, die, laat ons wel wezen, met de dag aan kwaliteit winnen. Uren hebben wij besteed aan het consulteren van gedrukte bibliografieën en wij hebben er veel in gevonden. Nu consulteren theologen databases als *Index Theologicus* en denken sommigen al te snel dat ze, na consultatie van zulke database, alles gevonden hebben.

In deze context dient men grondig na te denken over de uitdagingen die de nieuwe media aan het bibliotheeklandschap stellen. Het gaat in deze niet om een soort van koudwatervrees ten overstaan van die media, integendeel. De Maurits Sabbebibliotheek is, van bij de aanvang, alert

24. Een eerste resultaat is de collectie digitale boeken in de "Bibliotheca Imaginis Figuratae", gerealiseerd in samenwerking met onderzoekers van de Université de Metz en de Université catholique de Louvain.

geweest voor de nieuwe ontwikkelingen. De CLCLT (hét instrument voor classici, patrologen, mediëvisten, concilievorsers) werd in de theologische bibliotheek voorgesteld en daar als eerste in België gekocht. De ATLA (de beste database voor Angelsaksische theologische literatuur) werd, dankzij de goede internationale contacten van Etienne D'hondt, aan gunstige voorwaarden verworven. Francis (gericht op de continentale literatuur), JSTOR, het waren de theologen die deze databestanden, belangrijk voor alle humane wetenschappers, ontdekten en verwierven (of hielpen verwerven). PICA, PLD (Patrologia Latina Database), zogenaamd onbetaalbare bestanden, werden aangekocht omdat ondernemende theologen op zoek gingen naar de middelen en ze vonden[25]. Maar er blijft een probleem: de dragers van het onderzoek in de geesteswetenschappen zijn tot op heden voor een groot deel gedrukte boeken en tijdschriften. Tegelijk groeit het aandeel van de nieuwe media. Beide vormen van kennisoverdracht kosten geld, veel geld. De middelen om ze allebei te coveren zijn er niet, het gaat nu eenmaal om cultuur, expressie van 's mensen geesteskracht en in de huidige context is er meer bereidheid om miljarden te investeren in het rekken van een mensenleven dan miljoenen in te zetten op het zinvol invullen van het steeds langer wordende mensenleven. Die vaststelling dwingt bibliotheken in de geesteswetenschappen om keuzes te maken, belangrijke keuzes.

Bij deze keuzes en bij de opdracht om de nieuwe media in de bibliotheekwerking te integreren, zal het erop aankomen een evenwicht te vinden tussen de aanpassing aan het vanzelfsprekende gebruik van elektronische informatiekanalen door nieuwe generaties studenten en onderzoekers, en de overtuiging dat de 'traditionele' informatiedragers even onmisbaar blijven om de weg naar oorspronkelijke ideeën en authentieke feiten te vinden[26]. We merken nu al dat deze tweede garantie van kwalitatief onderzoek, die een heel eigen kennis en expertise vergt, onder druk komt te staan, terwijl ze zeker in de geesteswetenschappen onmisbaar blijft.

Misschien moet men in deze gewoon durven zeggen dat er een verschil is tussen de sapientiële wetenschappen zoals de humane, en de sciëntele wetenschappen zoals de positieve, en dus de middelen van de eerste

25. Etienne D'hondt had in deze iets vervelends: hij kwam in je kantoor binnen en zei dat topuniversiteiten deze instrumenten wel bezaten, maar Leuven niet. Hij werkte op je geweten en je fierheid en dus ging je op zoek naar middelen. In deze materie heeft Mathijs Lamberigts steeds een grote medestander gevonden in Marcel De Smedt, waarvoor oprechte dank. De geschiedenis zal de grensverleggende rol van Marcel in deze materie (hopelijk) in kaart brengen.

26. Aldus Tiffany Davis NORRIS, *Adaptability and Authenticity – Using the Next Generation's Powers for Good, Not Evil*, in *Theological Librarianship* 2/1 (2009) 1-2.

groep verdubbelen, want de levensduur van hun resultaten is onvergelijkelijk langer dan die van de tweede groep. Dan kan men, voor een tijd, zowel boek als nieuw medium tot zijn recht laten komen, zelfs als het tweede voor de komen decennia steeds een ancilla van het eerste zal zijn.

Publicaties

Ter afsluiting vermelden we een activiteit, waardoor de Maurits Sabbebibliotheek naast recipiënt ook producent van boeken is geworden. De bibliotheek heeft sinds lang een publiek forum gevonden om haar boekenbezit en de resultaten van onderzoek hierover internationaal kenbaar te maken. Ze geeft sinds meer dan dertig jaar twee wetenschappelijke reeksen uit, waarvan de meeste delen met de bibliotheek in verband staan[27].

Documenta Libraria startte in 1979 als een serie waarin hoofdzakelijk tentoonstellingscatalogi van de bibliotheek werden uitgegeven, aanvankelijk in zeer bescheiden vorm gemaakt – we zaten toen nog in de nadagen van de stencils! Vanaf de jaren 1990 verschenen in de reeks ook waardevolle catalogi, tekstedities en andere studies die op een of andere manier met boeken te maken hadden, en hierbij kunnen we niet anders dan de talrijke bijdragen van Guido Hendrix vermelden. Verder zijn er de reeds genoemde catalogi van postincunabelen, maar bijvoorbeeld ook een tot dusver onuitgegeven werk van de Nederlandse theoloog Piet Schoonenberg (uit het in de bibliotheek ondergebrachte Schoonenbergarchief) en, als voorlopig laatste deel, *Jesuit Books in the Low Countries*, een selectie uit de superieure collectie Jesuitica in de bibliotheek.

Sinds 1984 geeft de bibliotheek de reeks *Instrumenta Theologica* uit, die aanvankelijk eveneens grotendeels uit catalogi en bibliografieën bestond. Maar ook hier nam de diversiteit en kwaliteit mettertijd toe, meer bepaald door de publicatie van verschillende acta van congressen die door het Centrum voor Conciliestudie Vaticanum II in verband met het onderzoek naar het Tweede Vaticaans Concilie werden georganiseerd. Recent zijn de belangrijkste inventarissen van het in de bibliotheek gevestigd archief over Vaticanum II en enkele waardevolle tekstedities in *Instrumenta Theologica* verschenen. In totaal werden in beide reeksen samen tot op heden 71 delen gepubliceerd.

27. In Bijlagen 1 en 2 (p. 141-146) zijn alle gepubliceerde delen vermeld.

Tot slot

In deze bijdrage is vooral gefocust op de inhoud van de Maurits Sabbe-bibliotheek, op haar mogelijkheden en beperkingen, op de uitdagingen voor een bibliotheek in de geesteswetenschappen voor de komende tijd. Er is weinig, te weinig gezegd over de man die in elke fase van de groei van deze bibliotheek betrokken was, die met zijn medewerkers, in een tijd dat functiebeschrijvingen nog niet bestonden, doos per doos, stuk per stuk, naar Leuven bracht. Hij had te weinig personeel, maar hij had trouw personeel. Etienne D'hondt heeft vele keren de lof van zijn personeel gezongen en in alle aanvragen tot bevorderingen was zijn advies positief. Hij liep daar niet mee op, omdat hij wist dat hij in dit fantastische verhaal dat de geschiedenis van de theologische bibliotheek is, een bevoorrechte getuige en medespeler mocht zijn, maar het zonder zijn medespelers nooit op deze manier voor elkaar had kunnen brengen. Tegelijk blijft staan dat het voor een bibliothecaris een ongelooflijk voordeel is als hij het hele verhaal mee kan mee opbouwen vanaf het begin (minder dan 5000 boeken). Hoewel van vorming geen bibliothecaris, heeft Etienne, zoals zijn *compagnon de route* Ludo Holans, bibliothecaris van de Campus W&T, met gedrevenheid en enthousiasme de ontwikkelingen op bibliotheekvlak gevolgd en geïmplementeerd. Over het verleden, deels zijn verleden, mag hij terecht fier zijn. Over de toekomst maakt hij zich zorgen door de groeiende verambtelijking van de kantlijnen van zijn job: regels schijnen de plaats van visie te hebben ingenomen en dat is voor visionaire mensen als Etienne moeilijk om te begrijpen.

In 1994, bij het afscheid van Maurits Sabbe als academisch bibliothecaris, telde de theologische bibliotheek 700.000 banden. In 2010, bij het afscheid van Etienne D'hondt, administratief bibliothecaris, is het bezit bijna verdubbeld. Etienne zelf heeft bij alles op de eerste rij gezeten. Hij heeft iets groots *mee-gemaakt*, omdat hij zijn job heeft ingevuld vanuit het hart, vanuit zijn roeping. Etienne had een roeping, geen beroep. Woorden als 'erkentelijkheid' en 'dankbaarheid' doen dan ook onvoldoende recht aan wat ondergetekenden, mede in naam van de vele bezoekers, over Etiennes werk wilden zeggen.

De Leuvense Bibliotheek Godgeleerdheid 1445-2010

Jan Roegiers

De Maurits Sabbebibliotheek vormt – terecht – de trots van de Faculteit Godgeleerdheid. Als instrument voor onderwijs en onderzoek én als erfgoedcollectie heeft ze in veertig jaar tijd een grote reputatie verworven, in binnen- en buitenland. Ze werd inderdaad pas vier decennia geleden opgestart, terwijl de Faculteit graag voor haar oprichting verwijst naar 1432, toen paus Eugenius IV aan de zeven jaar eerder gestichte Leuvense universiteit een faculteit theologie toevoegde. Ook die faculteit, samen met de oude universiteit opgeheven in 1797, beschikte over een bibliotheek. Deze bijdrage wil aantonen hoe er onverwachte vormen van continuïteit bestaan tussen die eerste theologische bibliotheek en de huidige.

College- en faculteitsbibliotheek

De eerste faculteitsbibliotheek was gehuisvest in het Heilig-Geestcollege. Dit allereerste college van de Oude Universiteit dankte zijn stichting aan de vrijgevigheid van ridder Lodewijk de Rycke en zijn echtgenote Judoca van de Putte die in 1445 een huis en een kapitaal schonken aan de Faculteit Theologie om daarmee een college op te richten waar zeven arme studenten in de theologie, zeven ter ere van de zeven gaven van de Heilige Geest, zouden kunnen verblijven op kosten van de stichting[1]. Anders dan in de meeste later gestichte colleges, waar de raad van bestuur bestond uit een drietal provisoren (professoren, prelaten, familieleden van de stichter...), werd het Heilig-Geestcollege direct bestuurd door het bestuurscollege van de Theologische Faculteit, de *Stricta Facultas* die bestond uit de beperkte groep van *doctores regentes*. Zij stelden een president aan en controleerden het financiële beheer van het college.

1. Over deze collegestichting, de organisatie en verdere geschiedenis: E. DE MAESSCHALCK, *Kollegestichtingen aan de Universiteit te Leuven (1425-1530). Pogingen tot oplossing van armoede- en tuchtprobleem*, onuitg. dissertatie, Leuven, 1977, vooral p. 145-298; E.H. REUSENS, *Documents relatifs à l'histoire de l'Université de Louvain (1425-1797)*, dl. III, Leuven, 1881-1885, p. 9-101.

Enkel het Sint-Ivocollege, in 1483 opgericht voor studenten in de rechten, werd op een vergelijkbare manier bestuurd door het *Collegium juris* dat de faculteiten voor kerkelijk en burgerlijk recht leidde. Deze beide colleges gingen mettertijd fungeren als de officieuze zetel van hun faculteit. Het faculteitsarchief werd er bewaard, de disputen voor undergraduate studenten vonden er plaats (ouderejaars disputeerden in de Hal) en de collegebibliotheek die stilaan werd opgebouwd fungeerde als faculteitsbibliotheek.

Met de jaren groeide de dotatie van het Heilig-Geestcollege door nieuwe stichtingen die door professoren, alumni of andere weldoeners aan de oorspronkelijke dotatie werden toegevoegd. Het aanzienlijke inkomen dat de Faculteit verwierf door de incorporatie van het personaat van Schijndel (1545) en de gewezen priorij Bierbeek (1561), werd op de eerste plaats besteed aan bijkomende beurzen in haar college. Intussen was het inkomen zozeer toegenomen dat in 1561 werd beslist het college te splitsen in een Groot en een Klein Heilig-Geestcollege, die beide door de Faculteit werden bestuurd. Het was echter het Groot College (*Collegium Majus*), zoals het meestal werd betiteld, dat als faculteitszetel bleef dienen. In de loop van de achttiende eeuw werden de collegegebouwen tijdens een aantal bouwcampagnes (1722-1792) volledig vernieuwd en uitgebreid.

De college- of faculteitsbibliotheek duikt voor het eerst op in de geschiedenis wanneer een welgestelde Leuvense dame, Elisabeth Lambrechts, echtgenote van Walter van Bertem jr., in haar testament van 18 oktober 1469 een rente met een jaarlijks inkomen van twee kronen nalaat aan het Heilig-Geestcollege ten behoeve van de bibliotheek[2]. Een halve eeuw later kennen de statuten van het college, opgelegd door de Faculteit, reeds de functie van bibliothecaris. De collegepresident moest een van de studenten daartoe aanstellen. Die zou ervoor zorgen dat de boeken ordelijk en netjes werden bewaard; hij moest een catalogus van de collectie opmaken en overhandigen aan de president. Met toestemming van de president mocht hij boeken in leen geven, maar hij moest daarvan goed nota nemen en de boeken tijdig terugvragen. Voor zijn werk kreeg hij vierentwintig stuivers per jaar[3]. Een nieuwe versie van deze statuten

2. "Item dicta Testatrix legavit et reliquit Collegio pauperum studentium in Theologia ad opus liberarie in eodem Collegio duas Coronas hereditarias annue". Origineel testament onder de vorm van een notariële akte op perkament, verleden voor Arnoldus Trot, pedel van de Faculteit Theologie, op 18 oktober 1469: Leuven, Rijksarchief, *Oude Universiteit*, 1649.

3. E. De Maesschalck, *Normatieve bronnen voor het Heilig-Geest- en het Pauskollege in de XVI*[e] *eeuw*, in E. van Eijl (ed.), *Facultas S. Theologiae Lovaniensis 1432-1797. Bijdragen*

van het einde van de zeventiende eeuw voegde daaraan toe dat de bibliothecaris ervoor moest zorgen dat de bibliotheek regelmatig werd schoongeveegd door de knechten van het college, dat hij enkel met toestemming van de president de sleutel van de bibliotheek aan buitenstaanders mocht geven, maar dat buitenstaanders (die geen inwoner van het college waren) welkom waren indien ze zich aan de regels hielden. Het jaarloon van de bibliothecaris bedroeg toen 6 gulden. Latere toevoegingen legden de nadruk op de stilte die moest bewaard blijven[4]. De uitdrukkelijke vermelding dat buitenstaanders welkom waren komt zelden voor in de reglementen van Leuvense collegebibliotheken. Dat hangt ongetwijfeld samen met het statuut van deze bibliotheek als faculteitsbibliotheek.

In tegenstelling tot de bibliotheken van andere colleges, waarvan soms de catalogus bewaard bleef, heeft die van het Heilig-Geestcollege weinig sporen nagelaten in de archieven[5]. We mogen veronderstellen dat de ontwikkeling ervan min of meer verliep zoals in andere colleges, waarover we beter zijn ingelicht. De groei van de collegebibliotheken was in de regel op de eerste plaats te danken aan weldoeners binnen en buiten de universiteit. Nauwkeurig onderzoek van testamenten van professoren en alumni zal gegevens opleveren over talrijke schenkingen en legaten aan de bibliotheek van het Heilig-Geestcollege. Hendrik van Zomeren, professor aan de faculteit, liet in 1472 een deel van zijn boeken en een kapitaal voor een beursstichting na[6]. Na de dood van Jan van Varenacker, professor in de theologie, en diens broer Willem, kreeg de Faculteit in 1478 een deel van de boeken van beide heren[7]. Jacob van Cotthem, priester van het bisdom Kamerijk en verblijvende te Rome, schonk in 1481, vooraleer in te treden bij de minderbroeders, zijn boeken over filosofie en theologie aan het college[8]. Johannes de Hoya, kanunnik van Sint-Donaas te Brugge en pastoor van Sint-Jan te Gent en ooit als lector in de theologie verbonden aan het college, bestemde in zijn testament van 1508 een groot deel van zijn boeken voor het Heilig-Geestcollege[9].

tot haar geschiedenis. Contributions to its history. Contributions à son histoire (BETL, 45), Leuven, 1977, p. 182.

4. Gedrukt reglement, z.d., in Rijksarchief Leuven, *Oude Universiteit Leuven*, 1468.

5. Annika WAUTERS, *Bibliotheken van de colleges en de pedagogieën aan de Oude Universiteit Leuven (vijftiende-achttiende eeuw)*, onuitg. licentiaatverhandeling, Leuven, 1989, p. 116-118.

6. DE MAESSCHALCK, *Kollegestichtingen*, p. 165-169.

7. DE MAESSCHALCK, *Kollegestichtingen*, p. 172.

8. Leuven, Rijksarchief, *Oude Universiteit*, 1654; DE MAESSCHALCK, *Kollegestichtingen*, p. 184-187.

9. Leuven, Rijksarchief, *Oude Universiteit*, 1659; DE MAESSCHALCK, *Kollegestichtingen*, p. 205.

Petrus Cotrel, kanunnik en vicaris-generaal te Doornik, stichtte bij testament van 1545 een paar beurzen en een jaargetijde in het college en liet een deel van zijn boeken na[10]. De lijst van weldoeners kan doorgetrokken worden tot het einde van de achttiende eeuw.

Een tweede bron van verrijking waren de studenten zelf. Zoals in sommige andere colleges betaalden ook de studenten van het Groot College bij hun intrede een vast bedrag voor de noden van de huishouding, in dit geval de kapel, het huisraad en de bibliotheek. In de zeventiende eeuw bedroeg dit 4-16 fl., in 1758 werd het bedrag verhoogd tot 9-9 fl. De ontvangen bedragen werden ingeschreven in de rekeningen van de procurator, belast met de dagelijkse huishouding van het college. Deze rekeningen bleven bewaard voor de periode 1684-1691 en 1736-1797[11]. We merken dat substantiële bedragen werden besteed aan aanwinsten voor de bibliotheek. De concrete titels van de aangekochte werken kennen we echter pas vanaf 1781, via de manualen van de laatste procurator, Jan Lambert Bax[12]. Er werden soms nieuw verschenen werken gekocht, maar bovenal tweedehands exemplaren via veilingen. Het bleek de bedoeling niet enkel de essentiële werken op het gebied van de theologie aan te kopen, tot en met bronnenedities zoals werken van kerkvaders, maar ook belangrijke publicaties over kerkelijk recht en geschiedenis.

De oprichting van een Centrale bibliotheek voor de hele universiteit in 1636 heeft weinig of niets veranderd aan het beleid van de collegebibliotheken. De Centrale bibliotheek werd op de eerste plaats opgericht om precies die boeken te huisvesten die minder pasten in de collegebibliotheken: zeldzame en kostbare stukken, oude drukken zoals incunabelen, werken in minder bekende talen zoals Spaans en Italiaans of Syrisch en Arabisch, verboden boeken zoals protestantse werken[13]. Pas vanaf 1755 ging de Centrale bibliotheek een systematisch aanwinstenbeleid voeren.

Eind zeventiende eeuw bleek de bibliotheek van het Heilig-Geestcollege belangrijk genoeg om een eigen eigendomsmerk te laten vervaardigen

10. Leuven, Rijksarchief, *Oude Universiteit*, 1668.

11. Leuven, Rijksarchief, *Oude Universiteit*, 1605-1612.

12. Leuven, Rijksarchief, *Oude Universiteit*, 1615 en 1619-1620.

13. J. ROEGIERS, *The First Leuven University Library Rules (1636 and 1655)*, in C. COPPENS *et al.* (ed.), *E codicibus impressisque. Opstellen over het boek in de Lage landen voor Elly Cockx-Indestege*, 3: *Band, papier, verzamelaars en verzamelingen*, Leuven, 2004, p. 545-554; C. COPPENS, M. DEREZ en J. ROEGIERS (ed.), *Sapientia aedificavit sibi domum. Universiteitsbibliotheek Leuven 1425-2000*, Leuven, 2005, p. 37-46.

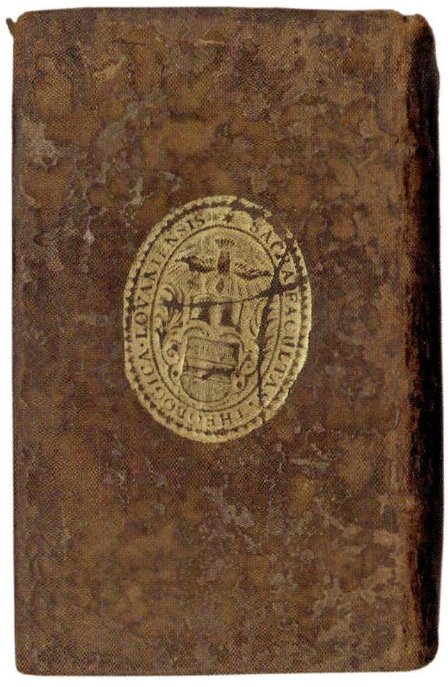

onder de vorm van een bandstempel, zoals de Centrale bibliotheek en verscheidene collegebibliotheken er een bezaten. Dit supralibros toont het zegel van de Theologische Faculteit: een opengeslagen boek – de Bijbel – met daarboven de neerdalende duif van de Heilige Geest, omgeven door stralen, daaronder het Leuvense stadswapen met ernaast nog florale krullen om het ovale vlak te vullen. Het randschrift luidt: SACRA FACULTAS THEOLOGICA LOVANIENSIS. De stempel werd in gouddruk op de boeken aangebracht. Het is twijfelachtig of dit op alle boeken is gebeurd. Op dit ogenblik kennen we immers slechts één boek waarop dit supralibros voorkomt[14]. Het is mogelijk dat de stempel ook werd gebruikt voor prijsboeken die door de Faculteit werden geschonken aan leerlingen van het Drievuldigheidscollege, zoals het geval was met een soortgelijke bandstempel van de Artesfaculteit[15].

Wat een bibliothecaris lijden kan

De laatste bibliothecaris van de oude universiteit, Jan Frans van de Velde (1743-1823), was tevens de laatste president van het Heilig-Geestcollege. Begrijpelijkerwijze heeft hij ook voor de collegebibliotheek aandacht gehad. Onder zijn bestuur hebben beide instellingen bewogen

14. Het werd recent verworven door de Centrale Bibliotheek van de K.U.Leuven: *Catechismus Concilii Tridentini*, Bruxellis, Typis Eugenii Henrici Fricx, 1720 (nog zonder signatuur). De ovalen stempel, 53 × 40 mm, komt voor op voor- en achterplat. In tegenstelling tot de andere bekende Leuvense bandstempels wordt dit supralibros niet beschreven door Th. DE JONGHE D'ARDOYE, *Armorial belge du bibliophile*, Brussel, 1930. Een tiental Leuvense stempels wordt er beschreven op p. 577-588.

15. Zie de tentoonstellingcatalogus *550 jaar Universiteit Leuven*, Leuven, 1976, nr. 244, met een afbeelding.

dagen beleefd en het leven van de man weerspiegelt het woelige tijdsgebeuren[16].

Kort voor hij promoveerde tot licentiaat in de theologie werd Van de Velde in 1772 benoemd tot bibliothecaris van de Universiteit. Dat was het begin van een academische blitzcarrière. In 1773 was hij een tijdje vice-president van het Savoiecollege, waar de alcoholverslaving van de president voor problemen had gezorgd. Nog hetzelfde jaar werd hij president van het Klein Heilig-Geestcollege en plaatsvervanger van de zieke J. J. Guyaux (1684-1774), titularis van de leerstoel Schriftuur. In 1775 promoveerde hij tot doctor in de theologie en in 1777 werd hij gecoöpteerd als lid van het Strikt College. Op dat ogenblik was hij reeds president van het Hollands College, als opvolger van J. T. J. Wellens (1726-1784), die in 1776 bisschop van Antwerpen was geworden. In 1778 volgde eindelijk zijn benoeming tot titularis van de koninklijke leerstoel voor Schriftuur. In 1783 werd hij tenslotte president van het Groot Heilig-Geestcollege, waar hij zelf als student had verbleven. Net veertig geworden had hij de hoogste functies aan de universiteit bereikt: titularis van de meest prestigieuze leerstoel van de hele instelling, lid van het machtige bestuurscollege van de Faculteit, hoofd van het oudste, grootste en rijkste college. En hij stond nog steeds aan het hoofd van de bibliotheek die onder zijn bestuur verdubbelde in omvang, vooral dankzij systematische aankopen op de veilingen van de opgeheven jezuïetenbibliotheken. De volgende jaren werden echter heel wat moeilijker.

Na het vertrek van Wellens en het overlijden van diens collega en goede vriend C. F. Terswaek (1725-1781) was Van de Velde de feitelijke leider en woordvoerder geworden van de ultramontaanse en anti-jozefistische

16. Over het leven van Van de Velde en zijn rol als bibliothecaris zie vooral: Th. DE DECKER, *Jan Frans Van de Velde, de Eximius van Beveren (1743-1823)*, Sint-Niklaas, 1897; J. ROEGIERS, *Jan Frans van de Velde (1743-1823), bibliograaf en bibliofiel*, in E. COCKX-INDESTEGE en F. HENDRICKX (ed.), *Miscellanea Neerlandica. Opstellen voor dr. Jan Deschamps ter gelegenheid van zijn zeventigste verjaardag*, dl. III, Leuven, 1987, p. 59-83; J. DESCHAMPS, *Handschriften van Jan Frans van de Velde in de Koninklijke Bibliotheek te Brussel*, in A. RAMAN en E. MANNING (ed.), *Miscellanea Martin Wittek. Album de codicologie et de paléographie offert à Martin Wittek*, Leuven – Parijs, 1993, p. 127-156; R. WEEMAES, *Overleven in de kering: Eximius Van de Velde (1743-1823)*, Beveren, 1998; J. ROEGIERS, *Entre bibliothécaires. La correspondance du carme liégeois J. P. R. Stéphani, alias Jean Népomucène de la Sacrée Famille, avec J. F. van de Velde à Louvain*, in J. TOLLEBEEK, G. VERBEECK en T. VERSCHAFFEL (ed.), *De lectuur van het verleden. Opstellen over de geschiedenis van de geschiedschrijving aangeboden aan Reginald de Schryver*, Leuven, 1998, p. 251-261; C. COPPENS, M. DEREZ en J. ROEGIERS (ed.), *Sapientia aedificavit sibi domum. Universiteitsbibliotheek Leuven 1425-2000*, Leuven, 2005, vooral p. 66-69.

fractie aan de universiteit. Daardoor viel hij in ongenade bij de regering. In 1784 werd hij een tijdlang geschorst als hoogleraar en in 1786 beroofd van al zijn academische functies toen het Seminarie-Generaal werd opgericht en de Theologische Faculteit grondig gereorganiseerd. Vanwege zijn rol in het verzet tegen deze hervormingen werd hij in 1788 zelfs verbannen uit de Oostenrijkse Nederlanden. Hetzelfde jaar werd de hele Universiteit, op de Faculteit Theologie na, overgebracht naar Brussel. Na de Brabantse Omwenteling keerde Van de Velde in 1790 terug en nam hij de leiding van het herstel van de Universiteit.

Toen in 1794 duidelijk werd dat de Franse revolutionairen voor de tweede maal het land zouden binnenvallen, bracht Van de Velde in opdracht van de bevoegde besturen het centrale archief van de Universiteit en de archieven van de Theologische Faculteit, de Artesfaculteit, het Groot Heilig-Geestcollege en van nog enkele stichtingen in veiligheid. Over water werden ze naar Rotterdam overgebracht en nadien verder naar Noord-Duitsland, om uiteindelijk te belanden in Altona bij Hamburg, dat toen Deens gebied was. In de herfst van 1795 keerde Van de Velde terug naar Leuven, waar het onderwijs nog een paar jaren in moeilijke omstandigheden werd voortgezet. Op 25 oktober 1797 werd de Universiteit door het Franse bestuur gesloten en twee weken later werden ook alle colleges en andere stichtingen opgeheven. Van de Velde werd veroordeeld tot deportatie naar Cayenne, maar kon net op tijd onderduiken en vluchtte tenslotte naar de Noordelijke Nederlanden. Toen hij ook daar niet veilig bleek, trok hij verder naar Duitsland waar hij verbleef onder een schuilnaam en uiteindelijk in Dresden belandde. In 1803 kon hij terugkeren naar het vaderland en vestigde hij zich in zijn geboortedorp Beveren-Waas. Hij vulde zijn dagen met kerkhistorisch studiewerk en de zorg voor zijn reusachtige persoonlijke bibliotheek.

Op vraag van de bisschop van Gent, Maurice de Broglie, vergezelde Van de Velde hem in juni 1811 als raadsman naar het Nationaal Concilie dat Napoleon te Parijs had samengeroepen. Toen bleek dat het Concilie niet bereid was de keizer te volgen in zijn kerkelijk beleid, werd het spoedig ontbonden. Als belangrijke leden van de oppositie tegen de keizerlijke plannen werden de bisschop van zijn Gent en zijn raadsman gevangen gezet te Vincennes en na enkele maanden verbannen. Van de Velde bracht bijna drie jaar door in het Ardense stadje Rethel dat hem als verplichte verblijfplaats was opgelegd. Na de val van Napoleon kon hij einde april 1814 naar huis terugkeren. Bij de nieuwe landsbesturen, de paus, de keizer en het Congres van Wenen ijverde hij tevergeefs voor het herstel van de Oude Universiteit. Zijn laatste jaren werkte hij vooral aan de editie van een *Synodicon Belgicum*. Hij overleed te Beveren op 9 januari 1823. Tien jaar later werd zijn reusachtige bibliotheek, meer dan 50 000 boekdelen, geveild te Gent.

Van Leuven over Hamburg naar Beveren-Waas

Het lot van de bibliotheek van de Theologische Faculteit was nauw verbonden met deze gebeurtenissen die het leven van Van de Velde tekenden. De rijke documentatie die Van de Velde naliet geeft ons een goed beeld van de situatie en het gebeuren. Ten eerste bleek een onderscheid te bestaan tussen de eigenlijke collegebibliotheek en de *Bibliotheca praesidis*. Daarbij ging het niet om het private boekbezit van Van de Velde (dat was er ook), maar om een aparte collectie die weliswaar faculteitsbezit was maar niet zonder meer toegankelijk. Lijsten van een deel van deze collectie werden opgemaakt in 1786-87 toen Van de Velde het college had moeten verlaten[17]. Ze bevatten een veertigtal titels van handschriften, sommige in verscheidene delen, de oudste van de veertiende eeuw. Vele ervan houden verband met het onderwijs dat aan de faculteit werd verstrekt of met de disputen die er werden gehouden. Een groot deel was van de hand van professoren van de Faculteit. Een aparte vermelding kreeg de Bessarionbijbel, een bijbelhandschrift dat in de vijftiende eeuw door de geleerde kardinaal werd geschonken aan professor Hendrik van Zomeren die een tijd bij hem in dienst was geweest[18]. Verder een vijftigtal gedrukte werken, de meeste uit de zestiende eeuw en als protestantse werken behorende tot de klasse van de verboden boeken. Het gaat hier ongetwijfeld om werken uit de oude faculteitsbibliotheek die niet geschikt werden geacht om in een publiek toegankelijke bibliotheek te worden opgesteld.

De eigenlijke collegebibliotheek was op dat ogenblik verhuisd naar het leegstaande Wittevrouwenklooster dat in 1783 door Jozef II was

17. *Liste des Manuscrits qui étoient au quartier et à l'usage du Président du Grand Collège à Louvain*, en *Liste de livres défendus qui étoient au quartier et à l'usage du Président du Grand collège à Louvain*, Leuven, Rijksarchief, *Oude Universiteit*, 1481.

18. Voor meer informatie over dit interessante stuk kan verwezen worden naar een studie door L. DEQUEKER, *The Anjou Bible and the Biblia Vulgata Lovaniensis 1547/1574*, die in september 2010 zal verschijnen in de catalogus van de tentoonstelling over de Anjoubijbel in het stedelijk museum. De Bessarionbijbel werd vroeger soms ten onrechte geïdentificeerd met de Anjoubijbel. Het handschrift bleef in het bezit van de erfgenamen van Van de Velde, tot het in de jaren 1930 aan de Leuvense Universiteitsbibliotheek werd geschonken. Het ging verloren in de brand van 1940.

opgeheven[19]. De verhuizing was gebeurd omwille van de voorlopige installatie van het Seminarie-Generaal in het Heilig-Geestcollege, in afwachting dat de installatie in het verbouwde Pauscollege mogelijk was. Deze verhuizing was slechts een eerste episode in de bewogen laatste tien jaren van het college en de faculteit. Wanneer na de zege van de Brabantse Omwenteling einde 1789 de restauratie van de vroegere situatie werd aangepakt, bleek heel veel meubilair en huisraad van het college zoek. Daartoe behoorden bijvoorbeeld de boekenkastjes die de studenten op hun kamer hadden[20]. Van de Velde had in een aanvulling op het collegereglement de nadruk gelegd op zelfstudie en bepaald dat elke student op zijn kamer over een bibliotheekje zou beschikken. Zelfs een lijstje van de titels die daarin noodzakelijk waren (een bijbel, de decreten van Trente...) of gewenst, zoals meditatie- en preekhandboeken, werd door hem opgesteld[21]. Het biedt een mooie kijk op de grote massa boeken die tot 1786 in het college aanwezig moet zijn geweest met een grote collegebibliotheek (tevens faculteitsbibliotheek), een aparte afdeling ervan die als *Bibliotheca praesidis* bekend stond, het persoonlijke boekenbezit van de president, en de boeken van elk van de studenten.

Er zijn slechts verwarde inlichtingen beschikbaar over het herstel van deze collecties dat in 1790-1794 heeft plaatsgevonden. Het herstel was hoe dan ook van korte duur. In juni 1794, enkele weken voor de Fransen Leuven binnentrokken, heeft Van de Velde, samen met het archief van de Faculteit en het college, ook de handschriften uit *Bibliotheca praesidis* ingepakt en op transport gezet naar Rotterdam[22]. Ze hebben samen met de archieven de hele odyssee tot in Altona bij Hamburg meegemaakt, om dan in 1802 terug te keren naar Rotterdam en verspreid te raken over verschillende bewaarplaatsen[23]. Vermoedelijk zijn deze handschriften, of minstens het grootste deel ervan, in 1804 overgebracht

19. Leuven, Rijksarchief, *Oude Universiteit*, 1615, p.283.

20. Lijsten van de ontbrekende boedel door L. J. Bax in Leuven, Rijksarchief, *Oude Universiteit*, 1481.

21. Leuven, Rijksarchief, *Oude Universiteit*, 1468.

22. Een lijst van de stukken die door Van de Velde werden meegenomen bevindt zich in het Universiteitsarchief K.U.Leuven, *Oude Universiteit*, fonds Gent, V.45.

23. Het nog steeds onvolledige en niet altijd correcte verhaal over deze omzwervingen en verdeling vindt men in de inleiding tot de inventaris door H. DE VOCHT, *Inventaire des archives de l'Université de Louvain, 1425-1797, aux Archives Générales du Royaume à Bruxelles*, Leuven, 1927, p. XXV-XLV. Aan te vullen met J. ROEGIERS, *Archiefbescheiden of bibliotheekmateriaal? Het 'Fonds De Ram' in de Koninklijke Bibliotheek en het Algemeen Rijksarchief*, in G. JANSSENS, G. MARÉCHAL en F. SCHEELINGS (ed.), *Door de archivistiek gestrikt. Liber amicorum prof. dr. Juul Verhelst* (Archiefinitiatie(f), 4), Brussel, 2000, p. 197-216.

naar Beveren-Waas, waar ze deel uitmaakten van Van de Veldes bibliotheek. Sommige werden blijkbaar in 1833 geveild met het grootste deel van zijn boekenbezit. De summiere beschrijving in het lijstje van 1786/87 maakt een identificatie niet gemakkelijk, maar van minstens één nummer uit de veilingcatalogus kunnen we dat met voldoende zekerheid aantonen[24]. Andere delen werden met Van de Veldes persoonlijk archief en de archieven van de Oude Universiteit die zich bij zijn dood te Beveren bevonden overgedragen aan het Bisschoppelijk Seminarie te Gent. De grote massa van dit archief werd achteraf meegenomen door P. F. X. de Ram (1804-1865), de eerste rector van de Katholieke Universiteit, en het meeste kwam na diens dood terecht in het Algemeen Rijksarchief of in de Koninklijke Bibliotheek[25]. Ook onder de collectie De Ram bevond zich materiaal dat afkomstig was uit de *Bibliotheca praesidis* van het Heilig-Geestcollege[26]. Delen van deze kleine bibliotheek van het Heilig-Geestcollege vindt men ook onder de stukken van de collectie Van de Velde die in het Seminarie te Gent zijn gebleven en in 2002 werden overgebracht naar het Leuvense Universiteitsarchief[27]. Tenslotte weten we ook dat de reeds eerder vermelde Bessarionbijbel na de dood van Van de Velde bij de familie bleef en tijdens het interbellum aan de Leuvense Universiteitsbibliotheek werd geschonken[28]. Geduldig onderzoek zal ongetwijfeld toelaten nog heel wat handschriften uit het lijstje van Van de Velde te identificeren, al zal dat wellicht nooit lukken voor stukken beschreven als "IV volumes mss. 4°, contenant des annotations ou des adversaria sur différens sujets de la Théologie" en meer dergelijke.

24. De *Thesis manuscripta de sacramentali confessione, praeside M. N. Hunnaeo, anno 1575*, een van de handschriften in-folio van de lijst, mag geïdentificeerd worden met nr. 15173 van de *Catalogue des livres rares et précieux, au nombre de 14435 lots, de la Bibliothèque de feu Monsieur Jean-François Vande Velde...*, Gent, 2 dln., 1831-32: *De confessione sacramentali, tractatus August. Hunnaei S.T.D. Lovanii, Manuscript. ejusdem manu exaratum anno 1575, in-fol.* Het stuk werd aangekocht door de Koninklijke Bibliotheek waar het thans berust onder nr. 11884 (VdGh 1730).

25. Zie ROEGIERS, *Archiefbescheiden of bibliotheekmateriaal?*

26. De *Vita Nicolai van Essche, pastoris Begginasii Diesthemii, qui obiit anno 1578, auctor Arnoldus Joannis* van het lijstje uit 1586-87, mag geïdentificeerd worden met het handschrift II 191 (VdGh 3687) dat de Koninklijke Bibliotheek in 1873 aankocht uit de bibliotheek Serrure en dat tevoren aan De Ram had toebehoord. Zie DESCHAMPS, *Handschriften van Jan Frans van de Velde in de Koninklijke Bibliotheek*, p.154.

27. De *Recueil d'oraisons faites aux actes de Licence dans la Faculté de Théologie à Louvain* mag wellicht geïdentificeerd worden met het pak soortgelijke teksten uit de 17de en 18de eeuw, bewaard in het Universiteitsarchief K.U.Leuven, *Oude Universiteit*, fonds Gent, D. 17.

28. Cfr. supra noot 18.

Het is bovendien waarschijnlijk dat reeds voor 1786 de scheiding tussen het archief en de bibliotheek van de Theologische Faculteit, beide bewaard in het Heilig-Geestcollege, niet duidelijk was. Reeds in 1573 klaagde president Hunnaeus erover dat hij alle documenten en papieren in grote wanorde had aangetroffen[29]. Veel materiaal uit het Gentse fonds dat thans in het Universiteitsarchief berust is eerder bibliotheek- dan archiefmateriaal en kan uit de Faculteitsbibliotheek afkomstig zijn.

Het lot van de grote collegebibliotheek, de eigenlijke Faculteitsbibliotheek, is evenmin duidelijk. Na de opheffing van de Leuvense Universiteit en de colleges kwam Carlos de la Serna Santander, bibliothecaris van de *École centrale du Département de la Dyle*, in november 1797 voor zijn instelling een selectie maken uit de centrale bibliotheek en in juli 1798 zich eveneens bedienen uit de collegebibliotheken. Ongetwijfeld zijn op die manier ook boeken uit het Groot Heilig-Geestcollege terechtgekomen in de bibliotheek van de École centrale die later is opgegaan in de Koninklijke Bibliotheek. Wat met het gros van de boeken is gebeurd is niet zeker, maar hoogstwaarschijnlijk is het grootste deel door de commissie voor het beheer van de goederen van de afgeschafte universiteit per gewicht als oud papier verkocht.

Een avontuurlijke jezuïet

Na de opheffing van de Universiteit heeft Van de Velde, gebruik makende van de mogelijkheden die in de revolutiejaren geboden werden, zijn eigen bibliotheek verder uitgebreid[30]. Wellicht hoopte hij die te kunnen gebruiken voor de wederopbouw van de herstelde universiteit. De tienduizenden boekdelen bevonden zich voor het grootste deel te Beveren-Waas, waar ze niet enkel zijn eigen huis vulden maar ook nog kamers en zolders bij vrienden en bekenden. Andere delen waren achtergebleven te Leuven, onder andere vele titels die hij als dubbel beschouwde. Toen mettertijd duidelijk werd dat de hoop op herstel van de oude universiteit ijdel was, begon hij uit te kijken naar andere zinvolle bestemmingen.

In 1818-1819 bezorgde Van de Velde acht volle kisten boeken die afkomstig waren uit de bibliotheken van de in 1773 opgeheven jezuïetencolleges

29. Register door hem begonnen in 1573 met een staat van het college, Leuven, Rijksarchief, *Oude Universiteit*, 1467, p. 158.
30. ROEGIERS, *Jan Frans van de Velde (1743-1823), bibliograaf en bibliofiel.*

aan Lodewijk Vincent Donche, die ijverde voor een herstel van de jezuïetenorde in de Nederlanden, daaraan een groot deel van zijn familiefortuin besteedde en vele andere weldoeners voor dat doel wist warm te maken. In een brief aan Van de Velde van 27 oktober 1821[31] heeft hij het daarover als volgt:

> Over 2 à 3 jaeren, als UE: mij 8 kisten boeken zond eertijds aen de Societeijt toebehoorende, heeft UE: mij gezeijt dat'er nog andere kisten moesten volgen; tot heden nog geene diergelijke ontmoetende, neem ik de vrijheijd aen UE: dezen artikel te herinneren, in vreez dat den zeer caduken Mr. Van Billoen niet lang zal leven, en dat zijn afsterven zwaere moeijelijkheden kan bijbrengen.

Ph. E. van Billoen (1753-1824) was als hoogleraar in de rechten een oud-collega van Van de Velde. Na de opheffing van de Universiteit bleef hij wonen te Leuven, waar hij trouwens ook was geboren als zoon van een jurist en hoogleraar. Ook uit andere stukken blijkt dat een deel van Van de Veldes boeken bij hem was opgeslagen en dat hij deze oude vriend bijstond in allerlei zakelijke en juridische kwesties. Vermoedelijk waren ook de boeken die Donche reeds had gekregen via Van Billoen bij hem geraakt[32].

Het leven van deze L. V. Donche (1769-1857) was even bewogen als dat van J. F. van de Velde[33]. Geboren te Brugge uit een handelaarsfamilie, kreeg hij zijn eerste Latijnse opleiding van de ex-jezuïet Hendrik Fonteyne, die op hem een grote indruk maakte. Fonteyne trok in 1786 naar Wit-Rusland waar hij werd opgenomen in de daar in stilte voortbestaande Sociëteit. Hij bleef in contact met zijn oud-leerling Donche, ook nadat hij in 1792 was vertrokken naar de Noordelijke Nederlanden als hoofd van de daar nog steeds actieve (ex-)jezuïeten. Na een jaartje filosofie aan de universiteit van Douai studeerde Donche vanaf oktober 1789 aan het bisschoppelijk seminarie te Brugge. Tijdens de paasvakantie van 1790 liet hij zich echter inlijven in het patriottenleger van de jonge republiek

31. Universiteitsarchief K.U.Leuven, *Oude Universiteit*, fonds Gent, D. 29.

32. Dat wordt bevestigd door een brief van Van Billoen aan Van de Velde, 5 december 1818: "On a venu chercher de la part de Mr. Peemans les caisses avec les livres que vous avez fait placer chez moi. Il y en a eu onze, plusieurs de differente grandeur, comme j'ai pu les trouver...". De boeken waren van 1797 tot 1807 in een gehuurde kamer opgeslagen en werden nadien naar het huis van Van Billoen overgebracht. Universiteitsarchief K.U.Leuven, *Oude Universiteit*, fonds Gent, D. 28.

33. Zie de zeer hagiografische maar goed gedocumenteerde biografie door A. MARLIER, *Lodewijk Vincent Donche, Societatis Jesu (1769-1857), stichter van de Zusters der Christelijke Scholen van den Heiligen Jozef Calasanz te Vorselaar*, Leuven, 1948, en de samenvatting daarvan door G. HENDRIX in *Nationaal Biografisch Woordenboek*, dl.15, Brussel, 1996, kol. 186-194.

der Verenigde Nederlandse Staten, waar hij als dragonder de weinig succesvolle campagne tegen de Oostenrijkse troepen meemaakte. Teruggekeerd naar Brugge in november van dat jaar, nadat de Oostenrijkers het land hadden heroverd, moest Donche een jaar wachten eer bisschop Brenart hem, na het verkrijgen van een pauselijke dispensatie, weer toeliet tot het seminarie. In september 1795 werd hij te Keulen priester gewijd. Brenart was op de vlucht voor de Fransen reeds het jaar tevoren overleden.

In 1796-1797 was Donche onderpastoor te Watervliet, maar omdat hij weigerde de opgelegde eed van haat aan het koningschap en trouw aan de Republiek af te leggen, kwam hij in botsing met zijn beëdigde pastoor en moest hij onderduiken. Hij ontsnapte aan deportatie naar Cayenne en werkte clandestien te Brugge en nadien te Torhout. In het nieuwe concordataire bisdom Gent kreeg hij in augustus 1802 toestemming van bisschop Fallot de Beaumont om in te treden bij de *Pères de la foi*, een priestercongregatie die zich beschouwde als de herleving van de jezuïetenorde en in 1794 onder de naam *Société du Sacré-Cœur de Jésus*, was opgericht te Egenhoven bij Leuven. Een van de stichters, de Parijse kanunnik Jean Pey, was sinds lang een goede vriend van Van de Velde en deze had trouwens zijn medewerking verleend aan het initiatief. Als pater van het Geloof werkte Donche in het college van Belley in de Jura (waar Lamartine een van zijn leerlingen was), ook nadat de congregatie op 22 juni 1804 door Napoleon werd verboden. Het verbod werd immers niet onmiddellijk uitgevoerd. In 1807 verhuisde hij naar het kleinseminarie van Roeselare dat het jaar tevoren, in samenwerking tussen de bisschop van Gent en de paters van het Geloof, was opgericht. In 1807 werd echter een begin gemaakt met de uitvoering van het opheffingsbesluit van 1804. In 1808 moesten de paters van het Geloof Roeselare verlaten.

Donche werd door de nieuwe bisschop, Maurice de Broglie, weer opgenomen in de diocesane clerus en in juli 1809 zelfs benoemd tot erekanunnik van Sint-Baafs. Te Gent was hij vooral actief als predikant en biechtvader. Door de burgerlijke overheid werd hij om zijn zeer vurige preken steeds beter in de gaten gehouden en als "fanatiek" bestempeld. Het liep helemaal mis toen hij in 1813 partij koos tegen de la Brue die door de keizer was benoemd tot bisschop van Gent. Deze was bedoeld als opvolger voor de Broglie die door Napoleon was afgezet wegens zijn rol op het Nationaal Concilie te Parijs en die samen met zijn raadsman Van de Velde was opgesloten. Donche moest weer onderduiken en werkte clandestien in het bisdom Doornik, waar bisschop

Hirn hetzelfde lot had ondergaan als zijn Gentse collega. Na de nederlaag van Napoleon kon hij in april 1814 naar Gent terugkeren.

Op 7 augustus 1814 herstelde Pius VII de Societas Jesu. Het bleek niet mogelijk om in de Nederlanden een volwaardig noviciaat op te richten, maar onder leiding van pater Fonteyne was reeds in juli 1814 te Rumbeke een "retraitehuis" geopend dat dezelfde functie kreeg. Na een kort noviciaat onder leiding van zijn oude leermeester werd Donche, samen met andere gewezen paters van het Geloof, officieel opgenomen in de jezuïetenorde. In november 1814 werd hij door Fonteyne naar Amsterdam gestuurd om er de leiding te nemen van de oude jezuïetenstatie *De Krijtberg*. Zijn vurige preken die erg antiprotestants klonken en zijn proselitisme vielen echter niet in de smaak bij de overheid. Om de rust te laten terugkeren vertrok Donche in juli 1817 naar Brabant en vestigde zich te Leuven bij juffrouw Paridaens.

Een Leuvense vrome dochter

Het leven van Cicercule Paridaens (1769-1838) vertoont talrijke parallellen met dat van Donche[34]. Ze was geboren te Mons als dochter van een advocaat, tevens griffier van het leenhof van Henegouwen. De vroeg weduwe geworden moeder vestigde zich in 1790 met de kinderen te Leuven, waar de zonen studeerden. In 1792 trad de dochter in bij de *Filles de Notre-Dame* te Mons, een onderwijscongregatie. Na de bewogen sluiting van het klooster in 1796-97 en een vlucht naar het Rijnland bleef juffrouw Paridaens uitkijken naar een vorm van voortzetting van een actief religieus leven. Een tijdje organiseerde ze samen met enkele vriendinnen caritatieve activiteiten te Mons. Nadien kwam ze naar Leuven, waar ze zich toevertrouwde aan de leiding van Jean Hubert Devenise (1757-1814), de laatste president van het College van Mons te Leuven, die een soort clandestien seminarie had ingericht in het gewezen klooster van de Ierse franciscanen. Reeds in 1800 werkte hij daarvoor samen met Joseph Varin, François-Marie Halnat en andere leden van de *Pères de la Foi*[35]. Pogingen van juffrouw Paridaens om met enkele vriendinnen een gemeenschapsleven op te zetten, eerst in een huis in de Sint-Maartensstraat

34. Zie: *Cicercule Paridaens. Mère Marie-Thérèse, fondatrice de la Congrégation des Filles de Marie à Louvain*, Leuven, 1903. J. PIGNAL, *Si Jansénius avait su... Mère Marie-Thérèse Paridaens, Fondatrice de la Congrégation des Filles de Marie*, Toulouse, 1967, is niet meer dan een samenvatting van dit werk.

35. *Cicercule Paridaens*, p. 76-77.

en nadien in het gewezen Sint-Monicaklooster van de Engelse nonnen faalden. Einde 1802 vertrok ze via Frankrijk naar Londen om zich aan te sluiten bij de *Dames du Sacré-Cœur*, soms ook betiteld als *Dames de la Foi*, die Sophie Barat organiseerde in samenwerking met de *Pères de la Foi*. Ook deze stichting liep mis en in juli 1804 keerde ze terug naar Leuven. Devenise steunde haar in de plannen om een gemeenschap op te richten die zich zou toeleggen op meisjesonderwijs. Op 15 augustus 1805 namen juffrouw Paridaens en haar vriendinnen een regel aan die door Devenise was opgesteld. Ze vestigden zich in het gewezen klooster van de Ierse franciscanen en openden er op 1 oktober een pensionaat voor meisjes dat snel succes kende. In 1812 vestigden ze zich in het ertegenover gelegen Hollands College, eerst als huurders, vanaf 1816 als eigenaars.

Het is daar dat Donche in 1814 juffrouw Paridaens een eerste maal kwam opzoeken om haar steun te vragen voor de plannen tot herstel van de Sociëteit. Nadien verbleven ook Fonteyne en andere jezuïeten er en het was in dat huis dat op 5 juli 1814 de eerste novicen voor de herstelde orde werden aangenomen, kort voor hun vestiging te Rumbeke[36]. Donche was er weer in september 1814 om een octaaf te preken in de Sint-Michielskerk[37]. In juli 1817 vestigde hij zich in het Hollands College en diende als aalmoezenier en biechtvader voor de school en de gemeenschap die er ondergebracht waren. Via Paridaens raakte hij goed bekend in het Leuvense milieu en indien hij nog niet eerder met hem in contact was geweest, heeft hij zeker op dat ogenblik vele verhalen gehoord over Van de Velde, die in kerkelijke kring zowat de status van martelaar had gekregen. Over Van de Velde hoorde Donche zeker ook vertellen wanneer hij begin 1818 naar Antwerpen verhuisde om er predikant te worden in de vroegere jezuïetenkerk, op dat ogenblik de parochiekerk Carolus Borromaeus. Maar ook daar viel de vurige predikant niet bij iedereen in de smaak. Op aandringen van de provinciegouverneur en de directeur-generaal voor de Zaken van de katholieke eredienst, die in hem een gevaar zagen voor de openbare orde, werd Donche op 23 juni 1818 door aartsbisschop F. A. de Méan gesuspendeerd als predikant en biechtvader.

Het bleek voor Donche niet eenvoudig om een nieuw, aangepast werkmilieu te vinden. Hij werkte als catechist in een vondelingenhuis en bleef in alle stilte actief in de jezuïetenorde. De generaal had hem

36. *Cicercule Paridaens*, p. 256; MARLIER, *Lodewijk-Vincent Donche*, p. 196-197.
37. MARLIER, *Lodewijk-Vincent Donche*, p. 202-203.

volmacht gegeven om nieuwe kandidaten voor de orde te examineren en door te sturen naar een noviciaat in het buitenland. Afspraken daarvoor werden gemaakt in het pensionaat van juffrouw Paridaens te Leuven. In oktober 1819 aanvaardde Donche daar Pierre Beckx (1795-1787), op dat ogenblik nog onderpastoor te Ukkel, in 1853 verkozen tot generaal van de orde. Alle pogingen om de jezuïeten in de Nederlanden erkend te zien of zelfs maar te laten werken, werden door de regering van Willem I onmogelijk gemaakt. Donche werd, zoals andere jezuïeten, scherp in de gaten gehouden. Stilaan verloor hij de moed. Op 19 november 1819 vroeg Donche om ontslag uit de orde, een stap die hij later zeer zou betreuren.

In samenwerking met gravin van de Werve de Vorsselaer organiseerde hij toen te Vorselaar een meisjesschool die door een gemeenschap van juffrouwen werd bestuurd. De stichting kende een groot succes en richtte in korte tijd een aantal andere scholen op. Alhoewel de juffrouwen leefden volgens een regel die hen door Donche was gegeven, konden zij aantonen dat ze geen kloostergemeenschap vormden en op die manier de achterdocht van de regering wegnemen. De grote rol die Donche zelf in deze stichtingen speelden, werd goed geheim gehouden. Hij besteedde er een goed deel van zijn familiaal fortuin aan.

De Belgische revolutie van 1830 veranderde de hele situatie. Na het overlijden van aartsbisschop de Méan werd in juli 1831 Donches suspensie opgeheven en op dat ogenblik maakte hij bekend dat hij in 1822, op verzoek van de aartsbisschop van Baltimore, Ambroise Maréchal, voor wie hij een weldoener was geweest, tot apostolisch protonotarius was benoemd. Monseigneur Donche kon nu zijn congregatie van de Zusters van de Christelijke Scholen officieel kerkelijk inrichten en gaf hen een regel die geïnspireerd was door die van Ignatius. Op dezelfde manier kon Cicercule Paridaens haar gemeenschap omvormen tot de congregatie van de Dochters van Maria.

In 1843 nam Donche ontslag als algemeen overste van zijn congregatie en begon, 74 jaar oud, nogmaals het jezuïetennoviciaat. Nog hetzelfde jaar mocht hij zijn plechtige geloften afleggen. Na actief te zijn geweest als geestelijk directeur, biechtvader en predikant op een groot aantal plaatsen, vestigde hij zich in 1854 in het hem goed bekende Leuven, in het theologaat in de Minderbroedersstraat. Daar is hij, actief tot een week voor zijn dood, overleden op 14 oktober 1857. Hij werd begraven bij zijn confraters op het kerkhof van de Parkabdij.

De boeken van Donche

Het is niet duidelijk of Van de Velde na de brief van 1821 nog meer boeken aan Donche heeft bezorgd. In alle geval heeft Donche zijn collectie verder aangevuld en steeds het plan gekoesterd om die te bestemmen voor de jezuïeten, ook al behoorde hij zelf niet meer tot de orde. Op 26 maart 1827 'verkocht' Donche deze belangrijke collectie aan zijn neef Dominique Vercruijsse te Kortrijk, evenwel met behoud van het vruchtgebruik. Een akte van 1 februari 1828 maakt duidelijk wat de bedoeling was. Neef Vercruijsse en zijn echtgenote erkenden na het overlijden van Donche "devoir remettre au premier établissement légal et fixe tel que collège ou pensionnat (convict) que la Société de Jésus aura dans une province méridionale de ce Royaume, une très volumineuse collection de livres et écrits (pour rester ensemble dans une seule bibliothèque)". De collectie bevond zich op dat ogenblik in een gehuurd huis te Gent, wellicht bij drukker Poelman. Een exemplaar van deze verklaring werd bezorgd aan de provinciaal van de Zwitserse jezuïeten, waaronder de Nederlandse ordeleden toen ressorteerden. Donche was erom bekommerd dat, mocht hij overlijden vooraleer de jezuïetenorde in zijn vaderland kon worden hersteld, ook na zijn dood zijn voornemen kon worden gerealiseerd[38].

Dat werd mogelijk toen de herstelde orde in 1832 een theologaat kon openen te Gent, in het gewezen cisterciënserinnenklooster van Oosteeklo. Donche droeg zijn volledige collectie, ongeveer 25 000 delen, over aan de nieuwe instelling die daardoor van bij het begin over een behoorlijke bibliotheek beschikte[39]. In 1839 verhuisden het theologaat en de bibliotheek van Gent naar de Minderbroedersstraat te Leuven. In 1851 werd daar een aangepaste zaal ingericht met, terecht, een portret van Donche dat het jaar tevoren was geschilderd. Het prijkt thans nog in de bibliotheek van het jezuïetenhuis aan de Waversebaan te Heverlee.

In tegenstelling tot wat Donche in de akte van 1828 had bepaald, is het niet mogelijk gebleken al zijn boeken samen te bewaren. Delen zijn verhuisd naar de nieuwe bibliotheek van de Bollandisten te Brussel. Bij de splitsing van het Leuvense studiehuis tussen de Vlaamse en de Waalse

38. De akte is te vinden in het dossier Donche in Heverlee, Archief van de Vlaamse Jezuïetenprovincie. Zie ook MARLIER, *Lodewijk-Vincent Donche*, p. 372-374.

39. MARLIER, *Lodewijk-Vincent Donche*, p. 374.

provincie in 1935 werd ook de bibliotheek verdeeld. De Waalse provincie bracht haar deel eerst onder in het huis te Egenhoven en verhuisde ze nadien naar Namen. Het deel van de Vlaamse provincie kreeg eind de jaren vijftig onderdak in het studiehuis dat te Heverlee langs de Waversebaan was gebouwd. Vandaar verhuisden de theologische werken in 1974 naar de nieuwe bibliotheek van de Theologische Faculteit. De boeken die Donche van Van de Velde had gekregen, of ten minste een deel ervan, vormen een van de basiscollecties voor wat sinds 2004 de Maurits Sabbebibliotheek heet. Een aanzienlijke gift van de laatste bibliothecaris van de oude Faculteit is op die manier (deels) terechtgekomen in de nieuwe faculteitsbibliotheek.

Kanttekeningen van een campusbibliothecaris Wetenschap en Technologie

Ludo Holans

Goede vriend en collega Etienne gaat op rust!

Onze bijdrage bestaat uit drie korte stukjes over oude en nieuwe projecten. Een eerste handelt over mobiel leren door millenniumstudenten en hoe zij omgaan met hun mobieltjes. Een tweede stukje willen wij wijden aan het Matteüs-effect en de evaluatie van het publicatiegedrag van onderzoekers. Het effect kan misschien ook toegepast worden op de Maurits Sabbebibliotheek met een aangroei van de collecties en de uitbouw tot een van de grootste theologische bibliotheken in de wereld. Tenslotte willen wij een stukje schrijven over aanwinsten van oude drukken in de Campusbibliotheek Arenberg. Zonder de hulp van collega en bezieler Etienne hadden wij dit niet kunnen realiseren. Onze dank en vriendschap met hem en met de Maurits Sabbebibliotheek wordt weergegeven in deze drie kleine bijdragen.

1. Mobiel leren

Enkele jaren geleden zagen we op TV enkel ministers met hun Blackberry of iPhone. Dit is nu geen uitzondering meer; vele andere gebruikers, ook studenten, hebben zich een 'smartphone' aangeschaft. Vele andere studenten hadden reeds een PDA en/of een MP3-speler. Binnenkort doet de tableth zijn intrede, een grote verandering in het mobiele landschap.

In tien jaar tijd heeft bijna 45% van de wereldbevolking zich een mobieltje aangeschaft. Bijna 80% van de Belgische bevolking heeft een gsm; hiermee staan we op de 18de plaats in de wereld. In de volksrepubliek China zijn er bijna 700 miljoen gsm's. In de Verenigde Staten maakt 1/3 van de bevolking gebruik van een gsm of 'smartphone' om toegang te krijgen tot het internet, om contacten te leggen of om informatie te zoeken.

Men schat het gebruik van mobiele telefoons wereldwijd op 5 miljard eenheden.

Er is duidelijk een evolutie aan de gang in het gebruik van mobiele internetverbindingen. Ook de bibliotheek of het documentatiecentrum, met een rijke verzameling aan bronnen en diensten, heeft in deze verandering een rol te spelen.

Laten we enkele toepassingen in een bibliotheekomgeving nader bekijken en dit illustreren met wat nu reeds mogelijk is.

a. Databanken

Jaarlijks koopt de Universiteitsbibliotheek tussen 3 en 4 miljoen euro aan bronnenmateriaal, maar zij heeft ook toegang tot een resem gratis databanken. Wij kopen bijvoorbeeld een digitale collectie tijdschriften voor de ingenieurs van IEEE (IEL). Voorbeelden van gratis elektronische databanken en repositories zijn PubMed van de National Library of Medicine in de Verenigde Staten en de repository arXiv van Los Alamos, nu gehost door de Cornell University. Laat ons even hun gebruik in een mobiele omgeving nader bekijken:

- IEEE Xplore Mobile (http://mobile-libraries.blogspot.com/2009/07/ieee-xplore-mobile.html) maakt het mogelijk gratis te zoeken in alle IEEE Xplore documenten van op uw Apple iPhone of Blackberry Storm. Per zoektocht kan u 10 abstracts per search bekijken, met links voor een full-text artikel naar uw e-mailadres. Wanneer men in de IP-omgeving van de universiteit zit, kan men dan het volledige artikel bekijken.
- ArXiview (http://mobile-libraries.blogspot.com/2009/04/arxiview-arxiv-for-iphone.html). ArXiv is de repository voor voornamelijk fysica (astrofysica, vaste-stof, hoge energie, wiskundige en nucleaire fysica). Grasduinfaciliteiten zijn voorzien op datum, auteur, titel en volledige tekst en dit zonder beperkingen. Mogelijkheid is voorzien preprints in PDF op uw iPhone te downloaden en deze in portretvorm en landschapmode te bekijken.
- PubMed On Tap (http://mobile-libraries.blogspot.com/2009/05/mobile-medline-pubmed-on-tap.html) is een toepassing voor iPod Touch en iPhone met mogelijkheid een ‘query’ op te zetten, gebruik makend van de logische operatoren OR, AND en NOT. Het resultaat van de zoektocht kan gedownload worden – ook volledige gratis artikels – en verzonden worden als geformatteerde tekst of als RIS-bestand voor import in bijvoorbeeld EndNote. Verder bestaat er de mogelijkheid documentleverantie te krijgen via de Loansome Doc Ordering System.

b. Digitale bibliotheken met grote collecties e-books

Een voorbeeld dat tot de verbeelding spreekt: het Gutenberg-project. De "Mobile Library" (http://handybibliothek.qioo.de/books_en.php) voor Engelstalige en Duitstalige boeken. Een ander voorbeeld is Kindle van Amazon.com, een draadloos e-book leestoestel (kostprijs 299$), nu al in gebruik in Amerikaanse universiteitsbibliotheken. Voor de iPhone bestaat er een gratis Kindle-versie die u toelaat 250.000 Kindle boeken te lezen op uw iPod touch of iPhone: http://mobile-libraries.blogspot.com/2009/05/kindle-for-iphone-app-released.html. Firmware 2.0 of hoger moet er wel op geïnstalleerd worden.

Een volgende toepassing komt uit de medische wereld: Epocrates RX, een gratis databank met peer-reviewed documentatie over meer dan 3000 medicamenten. De Epocrates RX software is beschikbaar voor Palm/Win Mobile/Blackberry/iPhone en Win Smartphone: http://mobile-libraries.blogspot.com/2009/05/epocrates-rx-free-mobile-drug-and.html.

c. Informatievaardigheden, o.a. interactieve mobiele tutorials

Wij denken dat in de toekomst cursussen over informatievaardigheden voor onze studenten voor een deel mobiel gevolgd kunnen worden. Het zal zeker handig zijn om te attenderen op updates van cursussen. PDA, iPhone en Blackberry kunnen nu reeds aansluiten op een virtuele leeromgeving zoals WebCT, Blackboard, Sakai en Moodle. Zie http://mobile-libraries.blogspot.com/2009/05/mobile-apps-for-virtual-learning.html.

Op een webpagina van de University of Iowa: http://guides.lib.uiowa.edu/pdas vinden we een overzicht van de verschillen van 5 smartphone platformen.

d. De toekomst

- de Kindle voor ILL
- Twittering libraries
- Twitter journals
- Skype for iPhone

2. Het Matteüs-effect

In 1968 publiceerde de socioloog Robert K. Merton een opmerkelijk artikel in *Science*[1] over hoe beroemde wetenschappers meer geloofwaardig-

1. Robert K. MERTON, *The Matthew Effect in Science: The Reward and Communication System of Science Are Considered*, in *Science* 159/3810 (1968) 53-63.

heid genieten bij hun collega's dan een onbekende wetenschapper met een evenwaardig kwalitatief hoogstaand werk. Merton verwees naar het evangelie van Matteüs, de parabel van de talenten: "Want wie heeft zal nog meer krijgen, en wel in overvloed, maar wie niets heeft, hem zal zelfs wat hij heeft nog worden ontnomen" (Mt 25,14-30).

Veel geciteerde auteurs en publicaties krijgen sneller citaties dan andere auteurs. Dit fenomeen doet zich ook voor wanneer men onderzoek doet in een elite-instelling, zoals bijvoorbeeld in Harvard; onderzoekers uit Harvard zouden zo meer citaties krijgen. Geaffilieerd zijn met een bekende universiteit heeft zo zijn voordelen. Ook bij het verwerven van fondsen doet het Matteüs-effect zich voor. Wie reeds een toelage verkregen heeft, zal vlugger een bijkomende verwerven.

Zou het kunnen dat het Matteüs-effect ook speelt bij het verwerven van bibliotheken?

In latere publicaties, o.a. door Merton[2] zelf en Bonitz[3] werd deze metafoor als wetenschappelijk concept verder besproken.

In een eerder ongepubliceerd onderzoekrapport van A. Carbonez en L. Holans over het publicatiegedrag van wiskundigen in België hebben wij getracht de kwaliteit van het werk van een onderzoeker of van een instelling te meten met als voornaamste indicatoren het aantal citaties en de impactfactor van de tijdschriften. De impactfactor van een tijdschrift wordt berekend door de som van de citaties voor alle publicaties van twee opeenvolgende jaren te delen door de som van het aantal publicaties van deze twee opeenvolgende jaren. Wij hebben het Matteüs-effect niet nagegaan tijdens deze studie.

Is het mogelijk dat citaties voor een artikel beïnvloed worden door de impact factor van een tijdschrift?[4] Lucky tijdschriften zijn "Science" en "Nature"!

3. Een historische sterrenatlas in de Campusbibliotheek Arenberg

De Campusbibliotheek Arenberg bezit, naast een fraaie collectie boeken over de geschiedenis van de wetenschappen, ook originele wetenschappelijke werken uit de zeventiende en achttiende eeuw.

2. Robert K. MERTON, *The Matthew Effect in Science II: Cumulative Advantage and the Symbolism of Intellectual Property*, in *Isis* 79 (1988) 606.

3. Manfred BONITZ, *Ten Years Matthew Effect for Countries*, in *Scientometrics* 64/3 (2005) 375-379.

4. Peter VINKLER, *Cumulative Advantage or Disadvantage: the Matthew Effect or Invitation Paradox, or Both*, in *The Evaluation of Research by Scientometric Indicators*, Woodhead Publishing, 2010, 200 p.

De CBA verwierf, dank zij collega Etienne D'hondt, een aanzienlijke collectie uit de vroegere bibliotheek van de jezuïeten te Heverlee. Ook mochten wij dank zij hem een mooie collectie negentiende-eeuwse boeken ontvangen uit de bibliotheek van de jozefieten in Melle.

Een van de pronkstukken van de Campusbibliotheek Arenberg (CBA) is een hemelatlas of sterrenatlas van Johann Gabriel Doppelmayr.

Bij de geschiedenis van de sterrenkunde is de sterrencartografie of uranografie (*ouranos* = Grieks voor hemel, *grafein* = beschrijven) een belangrijk onderdeel. Zij houdt zich bezig met het weergeven van sterren en andere hemellichamen op kaarten. De historische atlassen, voornamelijk in de zeventiende eeuw, waren gebaseerd op waarnemingen met het blote oog, later kwamen de atlassen gebaseerd op telescopische waarnemingen.

De *Atlas Coelestis in quo Mundus Spectabilis et in eodem stellarum omnia Phoenomena notabilia, circa ipsarum Lumen, Figuram, Faciem, Motum, Eclipses, Occultationes, Transitus, Magnitudines, Distantias, aliaque secundum Nic. Copernici et ex parte Tychonis de Brahe Hipothesin. Nostri intuitu, specialiter, respectu vero ad apparentias planetarum indagatu possibiles e planetis primariis, et e luna habito, generaliter celeberrimorum astronomorum observationibus graphice descripta exhibentur* werd uitgegeven in 1742 bij de erfgenamen van Homann in Nürnberg.

In deze atlas – een folio-uitgave, 508 × 368 mm – verzamelde Doppelmayr 30 platen uit vroeger gepubliceerde atlassen bij Homann. De atlas van de CBA is in uitstekende staat met uitzondering van een vochtring aan de bovenzijde van de eerste zes platen. Er zijn twee versies met 30 platen uit 1742. De CBA bezit niet de versie met de zwarte en rode letters op de titelpagina.

Latere edities bij dezelfde uitgever, met een aangepaste titelpagina: *Atlas novus coelestis, in quo mundus spectabilis, et in eodem tam errantium quam inerrantium stellarum phoenomena notabilia...*, hadden ook 1742 als jaar van uitgave. Zij bevatten meer platen van latere datum.

De volledige *atlas coelestis* werd door de Bibliothèque Nationale de France gedigitaliseerd en kan op hun Gallica-website bekeken worden: http://gallica.bnf.fr/ark:/12148/btv1b77100018.

Vele andere historische atlassen werden en worden gedigitaliseerd. Graag verwijs ik hier naar enkele interessante websites: http://www.k-ita.de/~sl/constellations/~: "History of the depictions of the stars, constellations and other celestial objects", met links naar de gedigitaliseerde beelden; de Linda Hall digitale collectie, http://www.lindahall.org/services/digital/staratlases.shtml, met o.a. de *Atlas Coelestis* 1729 van John Flamsteed, de *Neuester Himmels* 1799 van Christian

Goldbach, de *Prodomus Astronomiae* 1690 van Johannes Hevelius en vele andere atlassen.

Over de auteur[5]:

Johann Gabriel Doppelmayr (soms wordt zijn familienaam ook Doppelmair, Doppelmaier of Doppelmayer geschreven), was de zoon van koopman Johann Siegmund Doppelmayr uit Nürnberg. Hij is er geboren op 27 september 1677. In 1698 promoveerde hij aan de universiteit van Altdorf met een proefschrift over de zon. De volgende jaren vervolmaakte hij zich in wiskunde en fysica o.a. aan de universiteit van Halle. In 1701 logeerde hij bij Professor Lothar Zumbach von Koesfeld in Leiden en bekwaamde zich in het slijpen van lenzen. In 1704 werd hij professor in de wiskunde benoemd aan het Agydiengymnasium in Nürnberg. In 1716 huwde hij Suzanna Maria Kellner. Hij had vier kinderen, waarvan er drie kort na de geboorte stierven.

Zijn vertalingen in het Duits van illustere voorgangers gingen voornamelijk over astronomie, geografie, cartografie en wiskundige instrumenten. Samen met Johann Georg Puschner (1680-1740), een Nürnbergse instrumentenmaker en kopergraveerder, publiceerde hij enkele globes in verschillende diameters (10, 20 en 32 cm).

Hij was lid van verschillende wetenschappelijke genootschappen: de Berliner Akademie der Wissenschaften, de Kaiserlich Leopoldinische Akademie der Naturforscher in Halle, de Royal Society of London en de Academie der Wetenschappen in St. Petersburg. Hij stierf in Nürnberg op 1 december 1750.

Naar hem werd een maankrater, gelegen in het ZW deel van de Mare Humorum (28.5° Z, 41.4° W) en een planetoïde 12622 genoemd.

5. Zie Kurt PILZ, *600 Jahre Astronomie in Nürnberg*, Nürnberg, Verlag Hans Carl, 1977.

The University Library of Leuven today

Mel Collier

Introduction

It should be no exaggeration to state that with the retirement of Etienne D'hondt we are witnessing the end of an era: an extraordinary period of development and enrichment of the University Library of Leuven, for his career with the Maurits Sabbe Library forms part of the remarkable re-birth of the library after the disastrous fire of the second world war and the splitting of the University Library in 1968, following in turn the earlier catastrophes of the torching of the library in the first world war and even further back, the plundering of the library during the French revolutionary period. This academic year sees not only the retirement of Etienne but also two other key figures in this re-birth, Ludo Holans, Head of the Campusbibliotheek Arenberg and Jan Roegiers himself, eminent Professor and Archivist of the University, and former Chief Librarian. Without underestimating the contribution of others these three were instrumental in creating the University Library as it is today. It is not the intention of this chapter to relate the history of the University Library, which has already been done definitively by others[1], nor the creation and stocking of the magnificent Maurits Sabbe Library which are also fully recorded in this volume. Suffice it here to remark that despite its numerous historical setbacks the University Library of Leuven is today worthy of a major world-class research university and the oldest university in the Low Countries, both in terms of its historic heritage collections and those for current research and teaching. There is much to be proud of in the development of the last decades but the present and imminent decades pose many challenges which the University Library must prepare itself to face, better than it has hitherto. This

1. Chris Coppens, Marc Derez, and Jan Roegiers, *Leuven University Library 1425-2000* (Leuven: Leuven University Press, 2005); also published in Dutch: *Universiteitsbibliotheek Leuven 1425-2000* (Leuven: Universitaire Pers Leuven, 2005). Jan Van Impe, *The University Library of Leuven: The Story of a Phoenix*, 2nd ed. (Leuven: Leuven University Press, 2006); also published in Dutch: *De Universiteitsbibliotheek van Leuven: het verhaal van een feniks* (Leuven: Universitaire Pers Leuven, 2005).

contribution attempts to place the University Library of Leuven in its context of international higher education and the dramatic changes taking place in the market for academic information, in order to highlight those challenges. It goes without saying that the two core business areas of the University Library as a whole are the support of research and learning. To these must be added the conservation and exploitation of library heritage, which apply particularly to the Maurits Sabbe Library and the Central Library. All three of these core areas involve serious challenges, threats and opportunities requiring strategic approaches, which, it must be admitted, have been lacking in the past at University Library level, but in the last four years have begun to be addressed.

This previous statement perhaps deserves some explanation. These forty years since the splitting of the University Library have seen not only an immense effort to rebuild the lost collections but the development of an extensive network of faculty and campus libraries, as indeed occurred in many great research universities around the world. This had the undoubted advantageous effect of producing research and learning support services in the libraries which are close to the teaching and research taking place and generating a strong sense of ownership of the library services by the faculty or campus as well as a strong sense of belonging to the faculty or campus among the library personnel. The Maurits Sabbe Library is a shining example of how successful this policy has been. By a combination of generous investment by the faculty and the University and astute negotiation to secure heritage collections from monasteries and other institutions as they have become available, the library has been built up not only into a fine faculty library but also an internationally recognised research and heritage library in its own right. Other faculty and campus libraries may not have the same mission or profile but they have been successful in their own way of developing and providing services which are close to the user and well regarded by academics and students, as will be mentioned below in reference to benchmarking. The focus of those years was therefore on making the libraries locally responsive and as such was highly successful. It did however mean that policy at University Library level remained underdeveloped to the extent that the University Library as an overarching entity had a relatively low profile within and outside the University, and policy on many issues which should be expected to be present was not: for instance on research and learning support, personnel, quality management, collection development and preservation, and latterly of extreme importance, the digital library.

Resourcing Access to Research Literature

Perhaps the most immediate and obvious challenge to the University Library today is the provision of access to research results in the form of scientific journals, which are predominantly (and in the case of the natural sciences almost wholly) electronic. However the quasi-monopolistic characteristics of the market place allow publishers (of which some of the most important are unashamedly commercialistic) to indulge in restrictive practices and price rises that would be moderated or even regulated in more normal marketplaces. Now it might be argued that this is an issue of little relevance in the humanities, or more to the point, in theology, but that would be wrong. It is true that the narrow economic consequences for one or another faculty may be less acute, because of the relatively smaller sums of money involved and the less aggressive approach of humanities publishers, but the market trends are clear: greater possibility for restrictive practices, unreasonable price rises, uncertain access in the future, and serious challenges for archiving. These are issues of crucial importance to the research future of the University of Leuven and must be strategically addressed. The research reputation of the University does not stand or fall on the performance of one or another research group, but on the totality of its performance. The extremely rapid development of e-journals over the last decade, resulting in market consolidation and the dominance of big deals has led to an uncomfortable paradox. Libraries have been tempted by the offer of access to far more research information for proportionately smaller increases in cost, while the absolute cost increase has continually been several times higher than general inflation and far more than the rise in library budgets, which is clearly an unsustainable situation. Strategically the University Library must follow a path of resolute negotiation with publishers (ideally in co-operation with partners) to obtain terms determined by the needs and resources of the University, not by the business strategies and pricing policies of commercial publishers. It is not unreasonable to suggest that a consortium of universities should draw up a call for tender for supply of research journals according to terms defined by the consortium, not those of the supplier, as is done for the supply of other commodities. Indeed a pilot project carried out by the JISC in UK, SURF in the Netherlands, the Deutsche Forschungsgemeinschaft in Germany and DEFF, the Denmark electronic research library, attempts to do just that[2], however it remains to be seen what the structural impact

2. Licence framework agreement model http://knowledge-exchange.info (viewed 18 October 2009).

of the pilot will be. Another element of our strategy must be policy on Open Access, to which we now turn.

Open Access[3] is a movement that has been gathering pace in recent years, in fact ever since the advent of electronic publishing gave academic journal publishers even more scope to manipulate the market than previously. The general aim is to give free access to publicly-funded research results and the term itself covers a range of mechanisms intended to enable the academic world to break out of the current straitjacket of research journal publishing; including self publishing by universities, university repositories and different business models such as "author pays". (This really means "university pays", or "research council pays", of course.) The latter model is attractive enough for agile commercial publishers such as BiomedCentral (now owned by Springer who knows when it is time to jump) to take up. However the research community is its own worst enemy in this regard because whilst lamenting the state of affairs it imposes upon itself bibliometric performance measurement which reinforces the status quo. Open Access may not be *the* solution to this strategic question, but it can be part of it. The intellectual argument may be nearly won, but it remains to be seen how intellectual acceptance can be turned into effective practice. The University Library will be promoting University policy on this in the coming strategy period.

Why is access to research information so much under threat? Not so much because of technical issues for which we have short and middle term solutions, and the longer term ones will come, and not such much because of authors' rights or copyright (especially if the intellectual argument for Open Access is won) but because of resources. Even if the cost of journals comes down the quantum of research information continues to grow exponentially and it still has to be paid for one way or the other. Leuven University Library is still operating on a traditional physical library model (albeit with elements of digital library services) to which new services are usually an add-on. The University Library's ability to provide research access appropriate to a top rank university is often questioned yet the recurrent financial envelope is not scheduled to increase. On the contrary, managers are always looking for savings. The Maurits Sabbe Library can surely be confident and secure in its future as a primarily traditional book-based library but can that, indeed should that, be so for all libraries in the Leuven system? Should the existing

3. For a summary of Open Access see http://www.sparceurope.org/resources/hot-topics/open-access (viewed 18 October 2009).

infrastructure be protected to the detriment of the digital future? Access to research information is a subject which must be strategically addressed at University level and will certainly be a major element in the strategic plan 2010-2012.

Library Support of Learning

Turning to the University Library's second core business area, support of learning, we can be reasonably pleased that although coming late to the development of policy, the University Library has made important steps forward during the last strategic plan period. Getting buy-in from academic colleagues can still be very hard work ("what has education policy to do with the library?") but a distinct change in attitudes can be discerned most notably in the recognition of the evolution of libraries into learning centres. The first change of attitude was indeed the realisation that traditional libraries are not learning centres by another name ("we are already doing that") but need active policy to effect the transformation. Learning centres are places where the student's learning is central, where innovation in learning is supported, where different modes of learning (e.g. group work, ICT supported learning, information based assignments) are supported, where a variety of work spaces is offered and crucially the staff (who can, preferably should, include senior students themselves) are actively involved; all this without losing essential elements of the student experience such as individual and quiet study with access to the necessary literature[4]. The latter point is important in order to avoid the misconception by some (perhaps as an understandable but unnecessary sort of defence mechanism) that suddenly such learning facilities no longer belong in the university library structure. The recently agreed vision for the library of the Kortrijk campus (for some time a pioneer in this regard within the K.U.Leuven system) could be seen as a model statement for the development of the Leuven learning centres.

> **Visie**
> De campusbibliotheek wil het kloppend hart van het leren en studeren met informatie zijn: een plaats waar alle studenten willen samenkomen om te studeren

4. For a compendium on learning centre development see: Edward Oyston, *Centred on Learning: Academic Case Studies on Learning Centre Development* (Aldershot: Ashgate, 2003).

en te leren op de manier die hen het best past, met optimale leerfaciliteiten, collecties, digitale bibliotheek en klantgericht personeel.
Ze werkt hiervoor nauw samen met docenten, met studenten en met onderwijs ondersteunende diensten, binnen het kader van het kwaliteitsbeleid van de Universiteit.

Missie
De campusbibliotheek is een leercentrum dat de optimale combinatie aanbiedt van wetenschappelijke collecties, digitale bibliotheekdiensten, ICT-faciliteiten, stille en groepswerkruimtes.
Ze is een ontdekkingssysteem dat toelaat om kritische informatievaardigheden te ontwikkelen en kennis te construeren door sociale interactie in een wetenschappelijke omgeving.
Ze werkt nauw samen met het onderwijs en de onderwijsondersteunende diensten om er de dienstverlening en leerruimte op af te stemmen.
De campusbibliotheek ondersteunt de onderzoekscentra van de campus en werkt binnen het kader van een onderzoeksbeleid dat afgestemd is op de noden van de campus, in voortdurend overleg met de Leuvense moederbibliotheek.
De campusbibliotheek streeft altijd naar een efficiënte, betrouwbare, klantgerichte en kwaliteitsvolle dienstverlening, binnen het kader van een integraal kwaliteitsbeleid.
De campusbibliotheek heeft als interdisciplinaire wetenschappelijke bibliotheek een unieke rol in West-Vlaanderen. Ze overlegt en werkt samen met de West-Vlaamse associatiepartners en andere belanghebbenden in de regio.

Equally exciting developments are in prospect following library reviews in the Biomedical Sciences and the Science and Technology campus libraries, and the planning for a learning centre for the Humanities, which will be available to all students in the Leuven city centre.

The University Library's policy on learning support has also resulted in important initiatives regarding the development of information skills. Although teaching of information skills was already embedded in some programmes, notably in the humanities, the development of integrated policy has stimulated further progress including penetration into the biomedical sciences programmes. A key innovation in this area was the integration of policy development between the University Library and the libraries of the Association of the K.U.Leuven resulting in a joint policy document. It is particularly pleasant to note that the Onderwijsraad of the Associatie requested the Workgroup on Information Skills and the Learning Environment of the libraries of the Association to produce a blueprint of learning outcomes for information skills teaching. This was developed on the basis of the six norms of information skills in higher education which were defined in the OOF project (Onderwijs Ontwikkelings Fonds) carried out by the Workgroup of the libraries of the Association under the leadership of the Katholieke Hogeschool Kempen which was itself a "first" being the only project as far as we know for which funding was received by Leuven library staff to be carried out in the education field. Learning policy is however just one of the areas covered by the co-operative efforts of the libraries of the Association to which we will return below.

The need to adapt to the phenomenon of change in student study and learning modes should be seen not only in the development of the library as place, but also in products and services. It has become commonplace to remark that the "Internet generation" displays a range of different characteristics in their approach to study, information seeking and social contact in general, but it cannot really be said that the University Library has made a radical attempt to respond to these changes, nor indeed has the University as a whole. Whilst academics may recognise the cliché that for this generation "if it's not digital it doesn't exist" one has the impression that the impulse is often to resist or deplore, not to accommodate this trend. The University Library is in a position, actually *the* position, to take a lead on this issue, and indeed in many universities in various countries is doing just that. Library systems must be overhauled to display the user-friendly simple integrated search interfaces that students find on the Internet, not in a misguided attempt to compete with Google, but to be complementary, providing a clear way to quality assured information. The planned introduction of Primo as a modern overlay over our existing rather dated user interfaces is a step in that direction, as is the recently established link between the digital library and Toledo. Elements of Web 2.0 are being introduced here and there by different faculty and campus libraries, but we should be doing much more to replicate good practice and innovative practice across all our library websites, or better still they should be jointly developed. Do we indeed need different websites for all our libraries? Would it not be better (and more efficient) to combine the best features of all our websites in a superlative University Library site?

Internationalisation

The K.U.Leuven continues to grow its numbers of international students, despite its disadvantages vis à vis the English speaking world, but it is debatable whether we are serving our international students as well as we could. Students from abroad, particularly graduate students, are likely to be surprised by our relatively restricted opening hours (although they are now longer than they previously were) and by the fact that two of our libraries do not even lend books, not even the ordinary non-precious volumes required for current taught programmes. To other libraries within the K.U.Leuven which do lend, to researchers from related disciplines and to observers with other perspectives such as the present writer, this seems rather curious. Regarding communication, more must be done (and as the University's first English Chief Librarian I admit my guilt of omission) to improve the quality and range of our English web pages. However the University Library has taken an important step in the right direction of being able to compare itself against other world-class university libraries by participating in LibQual, the international benchmarking exercise co-ordinated by the American Association of Research Libraries (ARL). One of the interesting results of this successful and creditable exercise (for it requires that we expose ourselves to international comparison and we are the first Belgian university library to do it) was that our users are generally positive or satisfied, but that their expectations (compared to users of some other university libraries) are quite low[5]. In two areas the University Library falls wholly or partly below expectations, which has already prompted remedial action and which will be followed up in the strategic planning period 2010-2012. As more and more international students with knowledge and experience of library and learning centre services elsewhere arrive in Leuven we can anticipate that levels of expectation will rise and students will become more critical.

Regarding the University Library's international profile it is important that it is not only known for its tumultuous history but also for its contemporary achievements and indeed there have been some successes. The Maurits Sabbe Library itself has achieved a notable profile as a research and heritage library of the first order in its field. The Campusbibliotheek Arenberg as a splendid conversion and extension of the Celestine monastery caused a sensation when it was opened and still attracts many visitors, due also to its pioneering work on RFID (Remote Frequency Identification). However much remains to be done to achieve an international profile for the University Library that is fitting for a top rank university. This can only be achieved in this day and age through innovation and co-operation with international partners. A particular

5. LibQUAL+ 2008 survey Katholieke Universiteit Leuven. Report available internally on the University Library website.

effort has been made in this direction during the current strategic planning period (2005-2009) resulting in Leuven's participation in the Nereus and NEEO projects[6] (via the Economics Faculty Library, providing a critical mass of economics research collections across Europe) and in the European Digital Library, of which more in the following section.

Heritage

There can be no doubt the University Library today is a major heritage library, which is an astounding achievement given the destructions and losses of previous times. That it is so is thanks to the indefatigable efforts of certain of its librarians over the post-war period, not least Etienne D'hondt. A number of key strategies have been instrumental in achieving this result. The Maurits Sabbe Library has pursued a particularly successful policy of securing collections of monasteries and other church institutions either as gifts or as permanent loans in trust as they became available for one reason, usually economic, or another. Another strategy was the active policy of acquiring through gift, exchange or purchase important items or collections. The Friends of the University Library have been great supporters in this endeavour either as direct donors or as influential agents in securing collections through their networks of contacts. This process was further supplemented by the famous Leuven University Library sales of duplicates or books not needed for the library collections. In the last years this has provided a regular income which has been used to purchase special items at auction or by private contract. However, now that a serious critical mass of heritage material has been built up, the emphasis of policy in this regard is shifting away from the acquisition of quantity to being more selective in search of items of high quality and particular relevance to the University, Leuven and Flanders. Indeed the University Library now has clear policy[7] for development of its heritage collections which attempts to find the balance between continuing heritage collection growth and the available resources. This does not mean that the library does not seek collections, on the contrary, but limited resources for processing and storage demand that acquisitions are chosen and planned carefully.

6. See http://www.nereus4economics.info/ (viewed 18 October 2009).

7. See the University Library website: http://bib.kuleuven.be/ub/collectie/collectievorming.htm (viewed 20 October 2009).

In 2009 the Friends of the University Library as an organisation was re-launched under the overall banner of the University's fund-raising activities as the "Library Fund" (Bibliotheekfonds). The new approach, based on Anglo-American models, establishes "giving clubs" whereby donors can belong to groups according to choice and hopefully will commit to continuing support of the University Library through a standing order payment. Another innovation in 2009 is the "Family Book Fund" whereby parents or other family members can commemorate their child's graduation by having a book dedicated to them with an appropriate sticker recognising their donation.

In the Internet age, however, heritage institutions cannot and should not rely only on their collections, which are typically only accessed by specialists and those living nearby or with the necessary wherewithal to travel. Heritage collections need to be opened up to a wider public through digitisation and publication on the Internet. In this regard Leuven has some catching up to do, not so much with other Flemish institutions which are also not so far ahead, but certainly with other developed countries. Leuven must have a focused policy on digitisation that will achieve this aim, financed partly by re-direction of existing resources, partly by fund-raising and partly by project applications and subsidies. The Maurits Sabbe Library has recently been successful, in co-operation with Illuminare, the K.U.Leuven Centre for the Study of the Illuminated Manuscript, in gaining a substantial subsidy for the restoration and digitisation of the Anjou bible, an important illuminated manuscript. A key point in the supporting case for this project was public exploitation (*publiekswerking*). The same motivation lay behind the digitisation of 9000 items in the portrait collection of the Central Library, in that case financed internally by re-directing resources. A further development could be the routine digitisation of all exhibitions that are mounted by the University Library and making them available on the Internet.

In furtherance of innovation and digitisation the University Library is participating in the European Digital Library project, Europeana[8], as an expert partner leading the work package on business planning and content aggregation, and also as the Flemish representative. The aim of Europeana is truly ambitious: to provide integrated access to European digital cultural resources on a grand scale – 25.000.000 objects by 2014. This project requires not only ground-breaking technical development,

8. See the Europeana website: http://www.europeana.eu/portal/ (viewed 20 October 2009).

particularly in the management and harmonisation of metadata, and not only a substantial business planning challenge[9], but an unprecedented level of co-operation between institutions from different cultural domains: libraries, museums, archives and audio-visual archives. Leuven's participation in Europeana is supported by an advisory group (*overlegplatform Europeana*) under the auspices of the Culture Agency of the Ministry of Culture, Youth and Sport.

Within Flanders a significant boost has been given to the profiling of heritage libraries by the formation of the Flemish Heritage Library[10], funded by the Flemish government by authority of the culture decree of 2008. This is a co-operation between six partners: K.U.Leuven, Universiteit Gent, Universiteit Antwerpen, Erfgoedbibliotheek Hendrik Conscience (Antwerp), Provinciale Bibliotheek Limburg and the Openbare Bibliotheek Brugge. The aim is to support the development of heritage libraries throughout Flanders through the dissemination of advice and good practice and the carrying out of projects. It is set up as a *vzw* (a not for profit company) and works according a business plan agreed with the Flemish Government. One of the initiatives to be developed is the Flemish Digital Heritage Library (*Virtuele Vlaamse Erfgoedbibliotheek*) which it is to be hoped will link eventually with Europeana.

In Leuven more thought needs to be applied to the subject of heritage exploitation in order to move beyond the domain of an elite or privileged few. Europeana has some interesting ideas in this regard including the possibilities of social networking applications and user generated content. At present developments in valorisation and even retrospective inventory and cataloguing tend to be hampered in Leuven by excessive insistence on expert intervention, resulting often in large backlogs, with the result that the perfect result becomes the enemy of the good enough and wider access to the University's heritage collections continues to be denied. Leuven is not alone in this: the completion of the important *Short title catalogue of Flanders* (STCV), now under the auspices of the Flemish Heritage Library, will take an estimated forty years at the present rate of resourcing and using the present methods, and must

9. For a study of business planning for a major international digital library project see: Mel Collier, "The Business Aims of Eight National Libraries in Digital Library Co-operation: A Study Carried out for the Business Plan of The European Library (TEL) Project," in *Journal of Documentation* 61 (2005) 602-622 (available as an e-journal subject to subscription status).

10. See the website: http://www.vlaamse-erfgoedbibliotheek.be/ (viewed 20 October 2009).

receive a strategic review. Leuven (including the Maurits Sabbe Library) is currently under-represented in the coverage of STCV, which must be rectified.

Innovation

In the 1970's Leuven rose to fame in library innovation through its development in association with the University of Dortmund and IBM of the DOBIS/LIBIS library automation system[11]. It became quite quickly one of the market leaders and was sold widely throughout the world and indeed is still maintained in a few places. In Belgium the system was adopted by a network of libraries that engaged to receive library automation services and support from what had become LIBIS-net based at Leuven University. In time however that system became outdated and it was time to seek new solutions resulting eventually in the decision in 2004 to work with a market leading supplier, Ex Libris, and to act as an agent for supply of Ex Libris products to the library community. LIBIS now supplies the Ex Libris library management system Aleph to more than twenty academic, research, public and government libraries in Belgium. By 2012 all libraries of the Leuven Association will participate in the shared Aleph system. By any measure, including comparison with other co-operative ventures throughout the library world, this is a signal success. Technology moves on however and library automation, whilst still important as a mission critical university system is now routine rather than innovative. Current innovation lies in the development of the digital library which implies not automation of book based library processes but access to digital information in the broadest sense: documents, images, sound, video, either in the form of digitised material or "born digital" material. The author has defined the digital library as follows:

> A managed environment of multimedia materials in digital form, designed for the benefit of its user population, structured to facilitate access to its contents, and equipped with aids to navigate the global network ... with users and holdings totally distributed, but managed as a coherent whole[12]

11. C. McAllister, "The Online Public Access Catalogue in DOBIS/LIBIS", in *Program: Electronic Library & Information Systems* 21, No. 1 (1987) 25-36.
12. Mel Collier, "Towards a General Theory of the Digital Library", in *Proceedings of the International Symposium on Research, Development and Practice in Digital Libraries*, Tsukuba, Japan, 1997, 80-84. http://www.dl.slis.tsukuba.ac.jp/ISDL97/proceedings/collier.html (viewed 23 October 2009).

which was adopted, among others, by the Digital Library for Kinematics at Cornell University and the National SMET Education Digital Library. The digital library itself now has a history of some twenty years and digital library projects and implementations are too numerous to mention. Innovation in the digital library sphere lies currently in the integration of multiple domains, as in Europeana, application of the semantic web and solutions for multi-lingual access. Digital archiving and preservation are still work in progress despite the useful steps forward in good practice made during the last decade. Some of these innovation areas will be addressed by Leuven University Library during the next strategic planning phase, either through participation in projects with other partners such as in Europeana and the Flemish Heritage Library or directly through Leuven projects. An examples is LIAS (Leuven Integrated Archive System) which is a co-operation between the Maurits Sabbe Library, the University Archive, The University Library, KADOC and LIBIS to develop an integrated archive management and digital repository system based on the University repository managed by LIBIS using the Digitool platform (another Ex Libris product). This development is the starting point for other university mission critical systems such as the archiving of master theses, and the archiving of born digital documents to be placed in the custody of the University Archive. In 2009-10 following the integration of the University Archive and Art Heritage departments in the University Library a working group will develop policy and procedures on which digital archiving in the University will be based. The LIRIAS project links the academic bibliography (the University's inventory of its published research) to the full-text instances of the items, and the system will be extended to the Association during 2010-11. Finally, a new and more user-friendly interface based on Primo (yet another Ex Libris product) will be developed for the University Library's products enabling integrated searching across internal and external databases and digital resources, hopefully providing the sort of search environment for these services which our Internet generation has come to expect.

The University Library's Strategy for the Next Period

As mentioned at the beginning the University Library four years ago had little or no integrated policy. In the intervening period great steps forward have been made under the guidance of the University Library

Management Team (MTUB) formed at that time. A strategic plan was developed with nine action lines:

- Service and quality management
- Learning support
- Digital library and research
- Culture and communication
- Innovation
- Heritage policy, collection development and storage
- Central Library renovation
- Personnel
- Finance

The intensivity of work involved in carrying out the strategic plan can be seen in the following evaluation chart for the academic year 2007-8. A similar chart is in preparation for evaluation of the year 2008-9 in the library committee of December 2009.

Acties	Doelstellingen 2007-8	Review MTUB juni 2008
Dienstverlening en kwaliteitsmanagement		
Beleidsvorming	Beleid klaar april 2008	✓ mei 2008
Review producten en diensten CB	Inventarisatie producten en diensten CB oktober-april 2008 Collectieprocessen CB juni 2008 Professionalisering magazijnruimte CB december 2007	Review producten en diensten CB december MT-UB Optimalisering ruimtegebruik magazijnen CB – wachten op resultaten review p&d
Internationaal benchmarking-instrument	Training coördinatoren december 2007	✓ januari 2008
	Enquête januari-mei 2008	Uitgevoerd najaar 2008 Resultaten februari 2009
Integratie/consistentie statistieken UB	Consistentie verder bekijken. Cijfers 2007 tegen juli 2008	OK
	Aanvullingen/consistentie bereiken voor cijfers 2007, mei 2008	OK
Service level agreements	SLA UBD-UB juni 2008	Voorstel december 2008
	SLA CB-GeBu april 2008	Uitgesteld april 2009
Diversiteit en gelijke kansen	Verder uitwerken in het kader van strategisch plan K.U.Leuven	✓ juni 2008 Actiepunten 2009 bepaald

Ondersteuning onderwijs		
Beleidsvorming	Afbakening concrete acties met onderwijsraad/GeBu januari 2008, uitvoering daarna	✓ april 2008
Leercentra	Concept(en) verder bepalen	Studielandschap HW OK Leercentrum BMW OK Reflectie CBA OK Reflectie Kortrijk OK
OOF-project inzake learning objects (geleid door KHK)	Afronding project november 2007	
	Realisatie specifieke leerobjecten Toledo/UB 2008-9	Opvolging nodig
Link met Toledo	December 2007	Voorstel september 2008 Soft launch najaar 2008 Lancering februari 2009
	Eisen verder afbakenen mei 2008	Opvolging nodig
	Ondersteuning online education, distance learning? Strategisch plan K.U.Leuven	Afhankelijk van planning onderwijscoördinatie – nog niet duidelijk
Digitale bibliotheek en onderzoek		
Beleidsvorming	Klaar juni 2008	Vertraagd medio 2009
	Open Access Definitieve vaststelling april 2008	Voorstel december 2008
	Beleid contentmanagement GeBu september 2007	✓november 2007
	Strategie vormen inzake elektronische tijdschriften - consortia, ziekenhuizen, associatie, big deals, juni 2008	Ziekenhuizen – OK E-only BMW – OK E-books voorstel september 2008 OK Integrale strategie tijdschriften medio 2009?
Cultuur en communicatie		
Tewerkstelling wkgroep	December 2007	✓september 2008
Beleidsvorming	Klaar juni 2008	Uitgesteld medio 2009
Gezamelijke folders UB	Herziening en update eind 2007	Opnieuw september 2008
Planning evenementen CB	Programma 2007-8 realiseren Samenwerking en coördinatie verder verfijnen	OK
	Herziening homepage en introductie UB	OK Vertaling september 2008

Innovatie		
Tewerkstelling werkgroep	Aanpak te worden herzien december 2007	Geen werkgroep – studiedagen 2009-
Deelname in EU projecten	NEREUS (bib. ETEW)	OK
	EDLnet (UB)	OK – Deelname Europeana 1.0 goedgekeurd – start maart 09
Deelname in Vlaamse/Belgische projecten	Topstukkenproject (Vlaams erfgoed) Afronding oktober 2007	✓ juni 2008
	Popp-kaartenproject (CBA voor KB)	september 2008
Erfgoedbeleid, collectievorming,opslag (werkgroep maart 2006 van start gegaan)		
Beleid collectievorming UB	Bijkomend: Overeenkomst KADOC	✓ juni 2008
	Associatie	✓ juni 2008
Repositories	Afronding piloot LIAS aug 2008 Beslissing rond centrale ondersteuning van repositories augustus 2008 Beleid masterthesissen (met aandacht ETEW) begin 2008	✓ Digitool als technische oplossing oktober 2008 Link met ScopeArchiv afwerken maart 2009 Modaliteiten gebruik repository maart 2009
Beleid bewaren elektronisch materiaal	Streefdoel 2009	OK
Verwerking onverwerkte stocks	BEXT april 2009	OK
	CBA	OK
Conversie steekkaartencatalogus	Y collectie 2010 Uittekenen plan oude drukken en handschriften	OK
Elektronische archieven	Uitbreiding aanbod	✓ JSTOR, WOS, Nature, IOP, Sage
Gezamenlijk bewaren in Vlaanderen	Implementatie 2008 (K.U.Leuven is voorzitter van werkgroep depotservice)	✓ september 2008
Gezamenlijk bewaren KUL tijschriften	Afspraken re schrappen, samenvoeging, ruimtebesparing	✓ juni 2008
Samenwerking erfgoedbibliotheken Vlaanderen	Oprichting rechtspersoon Vlaamse Erfgoedbibliotheek 2008	✓ september 2008 M. Collier is ondervoorzitter. Meerjarenplan ingediend
Samenwerking UCL	Gezamenlijk project uitwerken	Geen vooruitgang

Herinrichting CB		
Werkzaamheden fase 1	Bijsturing klaar september 2008 Aanpassingen re Bologna april 2009 Klaar medio 2009	OK
	Planning begane grond en geldinzamelingscampagne begint oktober 2007	Afgelast door beslissing leden van raad van bestuur
Personeelbeleid		
Beleidsvorming	Voorbereiding MT-UB klaar april 2008	Voorstel november 2008 OK. Verder bespreken in groepsbesturen
Functie-organisatiedesign	Afronding fasen 2-3: juni 2008 Uitrol UB najaar 2008	Centrale Diensten – OK. Missie CBA en Kortrijk in bespreking
Financiën		
Transparantie en duidelijkheid van kosten en bestedingen van de UB	Vergelijking met statistieken UB, consistentie met cijfers FD bereiken februari 2008	OK
	Hoofdlijnen, mogelijke efficiëntie vaststellen juni 2008	Uitwerking 2009

The last period was intensive on several fronts. First the concept of integrated policy had to be formulated and accepted. Secondly much effort went into starting up the co-operative process and getting colleagues engaged who had not previously been involved in this type of work. Thirdly there was a fair amount of retrospective and corrective work, but fourthly and finally serious policy in key mission-critical areas was established.

Now that the principle of co-operation and university level policy is established and much corrective work is behind us, the next period 2010-12 can concentrate more on top level strategic issues. From the author's point of view these should include the following:

- Research support
  - Expansion and financing of access to (primarily digital) research information
  - Finalisation and implementation of Open Access
  - Expansion and stabilisation of LIRIAS (research inventory) for the KULeuven and its Association

- Learning support
  - Implementation of learning centres
  - Embedding of information skills
  - Support for learning object development and access
- Heritage
  - Fully operationalize the repository and digital archiving
  - Fund and develop key digitization projects
  - Intensify participation in Flemish and international initiatives e.g. STCV, Flemish Virtual Library, Europeana
- Quality
  - Embed best practices
  - Embed measurement and benchmarking
  - Embed personnel policy
- Efficiency
  - Seek further synergies in back office operations
  - Further promote e-only for the natural sciences and technology
  - Rationalize storage facilities
- Association
  - Integrate policy where appropriate e.g. research and learning support
  - Develop shared collection policy
  - Implement shared access control

Conclusion

Etienne D'hondt's career spans the modern period in library development, from the beginnings of library automation and automated information retrieval to the present phenomenon of the digital library unbounded in time and space. Leuven University Library with its constellation of libraries and technical support units has moved with the times, sometimes leading, sometimes following. The Maurits Sabbe Library in particular has reached a pre-eminent status among theological libraries with magnificent collections, a fine building and a notable readiness to innovate, largely under the leadership of Etienne. The last strategic planning period for the Leuven University Library was situated in the latter part of a decade which has seen more change in libraries and the scholarly information market than in the whole of the half-millennium since the invention of printing in the west. The next one will focus attention more closely and strategically on how these phenomenal changes should affect library and information provision in Leuven University. Whatever the future holds, Etienne can retire in the knowledge and satisfaction that he leaves the Maurits Sabbe Library in fine form to face the challenges ahead.

Vereniging van Religieus-wetenschappelijke Bibliothecarissen (VRB) Verwezenlijkingen en perspectieven voor de toekomst

Kris Van de Casteele[1]

Op 10 maart 1965 – het Tweede Vaticaans Concilie was op weg naar zijn laatste sessie – vond voor het eerst een bijeenkomst van theologische bibliothecarissen plaats bij de jezuïeten te Heverlee. Initiatiefnemer was pater Herwig Ooms O.F.M. Hem was de quasi-totale afwezigheid van de religieuze bibliotheken in de officiële Belgische bibliotheekverenigingen opgevallen. Meer nog, zelfs van onderling contact tussen deze bibliotheken was nauwelijks sprake. Anderzijds betreurde hij "dat het kerkelijke bibliothekariaat niet de ontwikkeling van de bibliotheekwetenschap, zoals deze zich in de 'profane bibliotheekwereld' heeft voorgedaan, heeft gevolgd"[2]. Deze vergadering, waarop zeventien bibliothecarissen aanwezig waren en twee zich verontschuldigden, leidde tot de oprichting van een Vereniging voor Filosofie- en Theologie-Bibliothecarissen, een naam die al bij de volgende bijeenkomst op 13 oktober 1965 werd gewijzigd in de huidige: Vereniging van Religieus-wetenschappelijke Bibliothecarissen (VRB). Zij werd geplaatst onder de bescherming van de Belgische Bisschoppenconferentie en de Vereniging van Hogere Oversten van België.

Vergelijken we dit oprichtingsjaar met dat van zusterverenigingen in onze buurlanden, dan kan de VRB geen voorloper worden genoemd. In Duitsland werd de Arbeitsgemeinschaft Katholisch-Theologischer

1. Voor de samenstelling van deze bijdrage werd dankbaar gebruik gemaakt van: Herman MORLION, *Vereniging van Religieus-wetenschappelijke Bibliothecarissen (VRB)*, in Godelieve GINNEBERGE (ed.), *Conseil International des Associations de Bibliothèques de Théologie. Internationaler Rat der Vereinigungen theologischer Bibliotheken. International Council of Theological Library Associations 1961-1996* (Instrumenta theologica, 17), Leuven, Bibliotheek van de Faculteit Godgeleerdheid van de K.U. Leuven, 1996, 57-66; en: *Documentatiemap Vereniging van Religieus-wetenschappelijke Bibliothecarissen 1965-1986*, Sint-Truiden, 1986, voor intern gebruik samengesteld door Willem AUDENAERT o.l.v. Herman MORLION.

Dank aan de collega's bestuursleden Marina Teirlinck en Frans Hendrickx voor hun suggesties en correcties.

2. H. OOMS, *Kerkelijke bibliotheken in België*, in *Bibliotheekgids* 52 (1976) nr. 2, 242-244, p. 244.

Bibliotheken (AKThB) opgericht in 1947, het protestantse Verband kirchlich-wissenschaftlicher Bibliotheken (VkwB) ontstond in 1956 in de schoot van de Arbeitsgemeinschaft landeskirchlicher Archivare (1936) die dan de Arbeitsgemeinschaft der Archive und Bibliotheken in der evangelischen Kirche werd. Ook in 1947 ontstond in Nederland de Vereniging voor Seminarie- en Kloosterbibliothecarissen (VSKB), vanaf 1974 Vereniging voor het Theologisch Bibliothecariaat (VTB). De Association des Bibliothèques Ecclésiastiques de France (ABEF) werd opgericht in 1957. In het Verenigd Koninkrijk zag in 1956 de Association of British Theological and Philosophical Libraries (ABTAPL) het licht.

Andere Europese landen volgden later: zo bijvoorbeeld de Associazione dei Bibliotecari Ecclesiastici Italiani (ABEI) in 1978, de Unione Romana Biblioteche Ecclesiastiche (URBE) in 1991, FIDES in Polen in 1991.

In 1968 werd de VRB omgevormd tot een vereniging zonder winstoogmerk, waarvan de statuten werden gepubliceerd in de bijlagen van het Belgisch Staatsblad (17 september 1968, nr. 5376). Deze statuten werden gewijzigd op de algemene vergadering van 23 maart 1977, gepubliceerd op 9 juli 1977 (nr. 4748). Om de statuten in overeenstemming te brengen met de nieuwe regelgeving in verband met vzw's werd een nieuwe wijziging goedgekeurd op de buitengewone algemene vergadering van 13 juni 2007, gepubliceerd in de bijlagen van het Belgisch Staatsblad van 15 april 2008[3].

Het doel van de vereniging werd als volgt geformuleerd:

In de statuten van 1968:

> Art. 3 Het doel van de vereniging is de inrichting, uitbreiding en ontwikkeling van het bibliotheekwezen en de documentatie op religieus-wetenschappelijk gebied.
> Art. 4 De vereniging tracht dit doel te bereiken door: a) het houden van vergaderingen en congressen; b) de onderlinge samenwerking en het uitwisselen van ervaringen en ondervindingen te activeren; c) het geven van voorlichting en steun op gebied van bibliotheek en documentatie; d) het organiseren van bezoeken en reizen; e) het publiceren van tijdschriften en vakliteratuur; f) in het algemeen de belangen van de bibliothecarissen en documentalisten te behartigen.

In de statuten van 1977 en 2007:

> Art. 2 De vereniging heeft als doel: de inrichting, de uitbreiding en de ontwikkeling van het bibliotheek-, archief- en documentatiewezen op religieus-

3. Te consulteren op http://www.ejustice.just.fgov.be/tsv/tsvn.htm onder het ondernemingsnummer van de VRB 410.883.882.

wetenschappelijk gebied, alsook de bevordering van de beroepsbekwaamheid en de beroepsbelangen van de personen die op dit terrein werkzaam zijn door:
- het houden van vergaderingen, congressen en dergelijke
- het stimuleren van de onderlinge samenwerking en de uitwisseling van ervaringen
- het organiseren van studiereizen en -bezoeken
- het uitgeven van vakliteratuur met inbegrip van een tijdschrift
- en iedere activiteit welke ze ter zake dienstig acht

Voor de verwezenlijking van haar doel kan de vereniging ook deelnemen aan de activiteiten van andere organisaties en instellingen, gevestigd in binnen- en buitenland, werkzaam op het terrein van het bibliotheek-, archief- en documentatiewezen, en alle handelingen stellen, *zelfs, op bijkomstige wijze, handelsdaden, voor zover de opbrengst ervan uitsluitend besteed wordt aan het doel waarvoor zij werd opgericht.* [cursief: toevoeging 2007]

De doelstellingen bleven vrijwel constant in de opeenvolgende statuten; vanaf 1977 wordt echter uitdrukkelijk de samenwerking met andere organisaties, nationaal zowel als internationaal, vermeld.

In het vervolg van deze bijdrage bekijken we hoe de vereniging in de loop der jaren deze doelstellingen trachtte te verwezenlijken.

Leden

De VRB is, in tegenstelling tot enkele zusterverenigingen, een vereniging van bibliothecarissen, niet van bibliotheken. De aanduiding 'wetenschappelijke' in de naam duidt erop dat de bibliothecarissen van de grotere bibliotheken op wetenschappelijk niveau beoogd worden, niet die van de huisbibliotheken in tal van kloosters. Alhoewel in de statuten niet bepaald, bestrijkt zij geografisch gezien Vlaanderen en zijn haar leden overwegend van katholieke origine. De vereniging heeft hierin echter altijd een open beleid gevoerd: er zijn leden (geweest) uit het Franstalige landsgedeelte (Maredsous, Chevetogne, Rochefort, Facultés Universitaires Saint-Louis), uit Nederland (augustijnen, KDC Nijmegen, Universiteit van Tilburg) en uit andere religieuze groeperingen (Universitaire Faculteit Protestantse Godgeleerdheid te Brussel, Evangelische Theologische Faculteit te Heverlee, Faculteit voor Vergelijkende Godsdienstwetenschappen te Wilrijk).

In de beginjaren waren alle leden, op een uitzondering na, clerici (voornamelijk reguliere, enkele seculiere). Niet zelden waren dezen geleerden-bibliothecarissen. Stilaan voegden zich ook leken bij het gezelschap, enerzijds een gevolg van de afnemende mankracht bij de geestelijken, anderzijds de trend volgend van een toenemende professionalisering van het bibliotheekwezen in het algemeen.

Was de vereniging lange tijd een exclusief mannelijke aangelegenheid, vanaf 1981 sloten als gevolg van een bibliotheconomische introductiecursus voor religieuzen en monialen ook vrouwelijke leden zich bij de vereniging aan.

Citeren we hier terloops enkele momentopnamen in de evolutie van het ledenaantal: van 19 stichtende leden steeg het aantal tot 53 in 1971. In 1984 maakte voorzitter H. Morlion S.J. een analyse van de situatie aan de hand van de gegevens van de *Gids van theologische bibliotheken in Vlaanderen en Nederland*. Hij telde 62 kerkelijke bibliotheken, die hij volgens type onderverdeelde als volgt: 15 abdijbibliotheken, 28 centrale kloosterbibliotheken, wetenschappelijke centra en documentatiebibliotheken (7 grotere en 8 kleinere) en 4 seminariebibliotheken[4]. In 1996 waren er 78 leden die 55 bibliotheken vertegenwoordigden. In augustus 2009 waren dat nog 61 leden voor 38 bibliotheken (29 clerici, van wie de meesten in een hogere leeftijdscategorie, en 32 leken, van wie 11 vrouwen). Daarmee vertegenwoordigt de VRB ongeveer de totaliteit van de theologische bibliotheken in Vlaanderen.

Algemene vergaderingen

De belangrijkste activiteit van de vereniging is de halfjaarlijkse algemene vergadering, één in de lente en één in de herfst[5]. Deze regelmaat kon in de loop der jaren aangehouden worden: einde 2009 werd de 89ste vergadering gehouden. De vergaderingen werden doorheen de jaren steeds trouw bijgewoond door 20 à 35 leden.

De vergaderingen vinden meestal plaats bij één van de leden en verlopen volgens een vast stramien: de voormiddag is gewijd aan een lezing over een studieonderwerp en aan het huishoudelijke gedeelte waarin het leven van de vereniging aan bod komt, nieuws wordt uitgewisseld (o.a. over lopende of verwachte tentoonstellingen, nieuwe publicaties), bibliotheekproblemen worden besproken en verslag wordt uitgebracht over de deelname aan vergaderingen en activiteiten van de zusterverenigingen

4. Zie: Herman MORLION, *De theologische bibliotheken in Vlaanderen: verleden en toekomst; een gedachtewisseling naar aanleiding van de gids*, in *V.R.B.-Informatie* 14 (1984) nr. 1-2, 3-7.

5. De lijst van algemene vergaderingen (voortaan afgekort als AV) is, met beknopte verslagen, in Bijlage 3 opgenomen (p. 90-104).

en van BETH (Bibliothèques Européennes de Théologie). In de namiddag wordt een geleid bezoek gebracht aan het huis (abdij, klooster, seminarie...) en aan de bibliotheek, dikwijls gepaard met een historisch overzicht. Soms ging men buiten de eigen kring: de Koninklijke Bibliotheek, de universiteitsbibliotheken van Antwerpen en Leuven, de Provinciale Bibliotheek van Limburg te Hasselt. Met de jaren verminderde ook het aantal locaties in eigen kring en werd uitgekeken naar andere vergaderplaatsen. Zo kwamen in de loop der jaren de uitgevers van het religieuze boek aan de beurt: Altiora op 26 september 1979 (AV 29) en 10 mei 1995 (AV 60); Lannoo op 22 april 1997 (AV 44); Brepols op 22 mei 1988 (AV 46) en 7 oktober 2009 (AV 89, Corpus Christianorum Bibliotheek en Kenniscentrum), beide keren samen met de Nederlandse collega's van de VTB; Halewijn op 22 april 1998 (AV 66); Peeters op 12 mei 1999 (AV 68); Davidsfonds op 16 mei 2001 (AV 72).

Enkele vergaderingen werden gekoppeld aan tentoonstellingsbezoeken: de vergadering van 24 november 2004 (AV 79) te Antwerpen met een bezoek aan "Een zee van toegelaten lust: hoogtepunten uit abdijbibliotheken in de provincie Antwerpen" en aan "Tegendruk: geheime pers tijdens de tweede wereldoorlog" in de Stadsbibliotheek, gekoppeld aan een rondleiding in de bibliotheek; op 26 november 2008 (AV 87) te Gent met een bezoek aan de tentoonstellingen: "Piranesi" en "Vlaamse wandtapijten voor de Bourgondische hertogen". Bij deze bezoeken werd de vergadering zelf beperkt tot het huishoudelijke gedeelte.

Ook vergaderden we aan de andere zijde van de taalgrens. Zo kwamen volgende instellingen aan de beurt: de Abdij van Maredsous op 20 september 1972 (AV 15) en 2 oktober 2002 (AV 75); de Facultés Universitaires Saint-Louis te Brussel op 21 september 1977 (AV 25); de Facultés Universitaires Notre-Dame-de la Paix te Namen op 12 april 1989 (AV 48) en 27 mei 2009 (AV 88); de Abdij van Chevetogne op 21 april 1993 (AV 6); het Séminaire épiscopal te Luik op 20 oktober 1993 (AV 57); het Musée Royal de Mariemont te Morlanwelz op 19 mei 2004 (AV 78).

Enkele vergaderingen vonden plaats in het buitenland en kunnen derhalve ook als een studiereis worden beschouwd: in de Erzbischöfliche Diözesan- und Dombibliothek te Keulen op 24 april 1985 (AV 40); de Bischöfliche Akademie August-Pieper-Haus te Aken op 7 oktober 1992 (AV 55); het Grootseminarie Rolduc te Kerkrade en de Universiteit voor Theologie en Pastoraat te Heerlen op 16 april 1996 (AV 62).

Naast de informatie in lezingen en mededelingen, bezoeken en dergelijke is een belangrijk aspect van de algemene vergaderingen het informele contact tussen de leden: vele persoonlijke vragen over collectievorming, catalografie, bibliotheekorganisatie, en andere vinden een oplossing in gesprekken met collega's. En op de parking worden boekenpakketten in ruil of als schenking van kofferruimte gewisseld.

In deze periode verdwenen niet alleen bibliotheken, er werden er ook nieuwe opgericht: de seminariebibliotheken van de nieuw opgerichte bisdommen Antwerpen en Hasselt, de Bibliotheek van de Faculteit der Godgeleerdheid en het Katholiek Documentatie- en Onderzoekscentrum (KADOC) te Leuven, de Library for the Interdisciplinary Study of Marriage (LIBISMA) te Sint-Genesius-Rode, het Corpus Christianorum Bibliotheek- en Kenniscentrum in het oude begijnhof te Turnhout. Er werd nieuwbouw gerealiseerd voor de montfortanen en de augustijnen in Leuven, het Ruusbroecgenootschap te Antwerpen en de abdij van Averbode. Telkens was dit ook een aanleiding om er een algemene vergadering te houden en de leden met deze nieuwe realisaties kennis te laten maken.

Thema's

Op de eerste algemene vergaderingen komt voornamelijk de organisatie van de vereniging aan bod zoals de statuten, het lidgeld, de werkgroepen, de studieonderwerpen, de zorg voor de bibliotheken van religieuzen, de internationale samenwerking. Hierna volgt een meer gestructureerd overzicht van thema's die in de loop der jaren geregeld voorkwamen.

Boek- en bibliotheekgeschiedenis

Het eerste referaat dat op een algemene vergadering werd gehouden (AV 4) ging over dit onderwerp, namelijk "Enige beschouwingen over het oude boek" door J. Andriessen S.J. Dit onderwerp werd nog meermaals behandeld: "Belevenissen bij het bibliotheekonderzoek naar het oude boek" (J.-D. Broekaert O.S.B.); "Geschiedenis van de familie Arenberg" (G. Roeykens); "Geschiedenis van het Ruusbroecgenootschap en zijn bibliotheek" (J. Andriessen); "Ontstaan en groei van de abdijbibliotheek van Zevenkerken" (J.-D. Broekaert); "Ontstaan en groei van de universiteitsbibliotheek K.U. Leuven" (J. Roegiers); "Zeventiende- en achttiende-eeuwse preekboeken als historische bron voor het dagelijks leven" (H. Storme); "De betekenis van Antwerpen als productiecentrum van devotieprenten, 1585-1850" (A. K. L. Thijs); "Kirchenpresse im Dritten Reich: die katholische Kirchenzeitung für das Bistum

Aachen" (A. Brecher); "Le fonds ancien de la bibliothèque du Grand Séminaire, Liège" (J. Gustin); "Godefridus Bouvaert (1685-1770): monnik, dichter en bibliothecaris" (M. De Smedt); "Emmanuel Schelstraete (1649-1692), kerkhistoricus en prefect van de Vaticaanse bibliotheek" (T. Van Houdt); "De kartuizers op het Kiel, in Lier en te Antwerpen" (J. De Grauwe); "Geschiedenis van de Griekse kritische uitgaven van het Nieuwe Testament" (P. Schmidt); "Geschiedenis van het Davidsfonds, 1875-2000" (E. de Maesschalk); "Geschiedenis van de Sint-Andriesabdij" (P. Papejans de Morckhoven O.S.B.); "Oude boekcollecties in Wallonië" (L. Knapen); "Geschiedenis van het voormalig Celestijnenklooster te Heverlee" (P. Valvekens); "Inleiding op de tentoonstelling 'Een zee van toegelaten lust: hoogtepunten uit abdijbibliotheken in de provincie Antwerpen'" (P. Delsaerdt); "Een Zuid-Brabantse bibliotheek in Noord-Brabant: geschiedenis van de collecties van de bibliotheek van de Theologische Faculteit aan de Universiteit Tilburg" (M. Gielis).

Conservatie, restauratie, boekverzorging

Dit onderwerp werd behandeld in lezingen en demonstraties: "Practicum over de verzorging van oude boeken" (L. Van Aaken met toelichting door E. Van de Vyver); "Problemen van boekbinden, restauratie en aanvezelen" (J. Dekimpe); "Verzorging en restauratie van het oude boek" (C. Coppens); "Materialen boekconservering en -restauratie "(Firma 'La route du papier'); "Conserveren en catalogiseren van kaarten en atlassen" (J. Depuydt); "Projectie van video's over het behandelen van kostbare werken" (Morlanwelz); "Project 'BEA: bewaarbibliotheken in de provincie Antwerpen'" (S. Van der Auwera en L. Tubeekx); "Praktijkgerichte uiteenzetting over preservatie, conservatie en restauratie" (G. De Witte).

Bibliotheconomische onderwerpen

Volgende onderwerpen kwamen aan bod: "Gebruik van de trefwoordencatalogus" (H. Ooms); "Project Bibliografie van Nederlandse theologie-bibliografie" (H. Ooms); "Prijsberekeningen van buitenlandse werken door de boekhandelaars" (J. Van Brabant S.J.); "Project Centrale Catalogus van de Gentse wetenschappelijke bibliotheken" (E. Wille); "Ontsluiting en bewaring van archieven" (A. Osaer); "Een nieuwe vorm voor de liturgische bibliografie" (L. Leijssen); "Regels voor de beschrijving van oude drukken, ISBD(A)" (Elly Cockx-Indestege); "Samenstelling van de catalogus 'Early sixteenth century printed books, 1501-1540, in the Library of the Leuven Faculty of Theology'" (F. Gistelinck); "Praktijkervaringen met maken en gebruiken van theologische bibliografieën" (G. Van Belle); "Short Title Catalogus Vlaanderen (STCV)" (G. Proot en J. Depuydt); "Bibliografie van in België en Nederland gedrukte bijbels, 1477-1553" (L. Knapen); "Universele Decimale Classificatie en religie en theologie" (W. Schallier).

Bibliotheken

Informatie over de bibliotheken werd verstrekt bij de bezoeken tijdens de algemene vergaderingen. Soms waren zij het onderwerp van een referaat of mededeling op de vergadering zelf. Hier volgen enkele titels: "De samenwerking tussen de nieuwe Theologische Faculteit Leuven-Nederlands en de Bibliotheek van het Filosofisch en Theologisch College van de Jezuïeten te Heverlee" (H. Morlion); "De oecumenische bibliotheek te Chevetogne en haar internationale relaties" (S. Buve); "Aard en werking van een diocesane bibliotheek" (T. Boeckx); "De Bibliotheek van de Protestantse Theologische Faculteit" (G. van Leeuwen); "De Lutheraanse theologische bibliotheken in Duitsland (H.-W. Seidel); De kerk in Oost-Europa" (J. Bakker); "De bibliotheek in de vrouwelijke religieuze gemeenschappen" (zr. Christina Van Wonterghem); "De Bibliotheek van de Faculteit der Godgeleerdheid" (M. Sabbe); "Het Katholiek Documentatie- en Onderzoekscentrum KADOC" (J. Roegiers); "De Bibliotheekcentrale van de K.U. Leuven en haar collecties" (W. Jonckheere); "De bouw van een nieuwe bibliotheekcentrale: de bibliotheek van de UFSIA" (J. Van Brabant); "Vijf jaren KADOC 1977-1982" (J. De Maeyer); "Het Provinciaal Archief- en Documentatiecentrum te Sint-Truiden" (R. Van Laere); "De geschiedenis van de bibliotheek van het Ruusbroecgenootschap" (F. Hendrickx); "De situatie van de theologische bibliotheken in Midden- en Oost-Europa" (Th. Barnas O.S.B.); "De eigenheid van de Salesiaanse bibliotheek" (J. Schepens); "De vormingsdienst Guislain en zijn documentatiecentrum" (E. Meganck); "The Library for the Interdisciplinary Study of Marriage (LIBISMA)" (J. Dick); "De Bibliotheca Wasiana" (H. Liebaut); "Het Corpus Christianorum Bibliotheek- en Kenniscentrum" (B. Janssens).

Informatisering

De VRB is zeker geen voortrekker op het gebied van de informatisering; wel werd gepoogd regelmatig te informeren over ontwikkelingen in dit domein. Een eerste maal werd in 1976 een met de computer gemaakte bibliografie RIC (Répertoire bibliographique des Institutions Chrétiennes) door prof. J. Schlick (CERDIC, Strasbourg) voorgesteld. In 1980 en 1986 gaf A. Regent een inleiding resp. over LIBIS en over DOBIS-LIBIS voor kleinere wetenschappelijke bibliotheken; R. Vander Plaetse en H. Deraeve lieten ons in 1992 kennismaken met Cetedoc Library of Christian Latin Texts on CD-Rom. Er werden demonstraties gegeven over ATBIB (Helena Van Rompuy); modern archiefbeheer met Canonfile 250 (firma Stulens); internet (Th. Boeckx); website Augustijnen (B. Bruning O.S.A.); Centre Informatique et Bible (R.-F. Poswick); website 'Thomas' (J. Verkoyen); project 'Biblia Sacra' (W. François); digitalisering Augustinusbibliografie (A. Goovaerts); elektronische bronnen in LibriSource Plus (K. Decoorne); digitaliseringsprojecten in de Bibliothèque Universitaire Moretus Plantin te Namen (J. Lambert); databanken Brepolis.

Openbare bibliotheken

Een toelichting bij het nieuwe decreet betreffende het Nederlandstalig Openbare Bibliotheekwerk van 19 april 1978 werd gegeven door J. Van Brabant S.J., terwijl E. Heidbuchel het Openbaar Bibliotheekwerk in Vlaanderen belichtte.

Publicaties

Ook werden lezingen gehouden over lopende publicaties van grotere omvang: *Corpus Christianorum* (E. Dekkers O.S.B).; *Le Bulletin d'ancienne littérature chrétienne* (P. Bogaert O.S.B.); de *Opera omnia*-uitgave van Ruusbroec (G. de Baere S.J.); *Prosopograhia Iesuitica Belgica Antiqua* (H. Morlion).

Religieuze boek

In het kader van de Internationale Boekenbeurs in het Rogiercentrum te Brussel in 1972 hield A. Dumon een inleidende toespraak over het boek en zijn gebruiker, gevolgd door "Enkele opmerkingen van een leek over het religieuze boek" van A. Mertens, in het kader van een gesprek met uitgevers. Verder noteren we: "De evolutie van het religieuze boek in de laatste decennia" (J. Demolder O.S.B.); "Het religieuze boek bij Lannoo" (L. Sercu); "Liturgische uitgaven vandaag" (P. D'haese O.P.); "Ontstaan en ontwikkeling van lokale parochiebladen" (J. Cornille).

Zusterverenigingen

Verder werd er aandacht besteed aan de activiteiten van de zusterverenigingen, onder meer de Franstalige Belgische zustervereniging ABTIR (J. Scheuer S.J. en J.-Fr. Gilmont); de Nederlandse VTB waarmee gezamenlijke vergaderingen werden gehouden (1988 en 2009); op deze laatste werd ook een overzicht gegeven van werking in de andere Europese zusterverenigingen.

Varia

Onder dit item ressorteren: "De verhouding tussen Kerk en Staat betreffende archieven, bibliotheken en kunstwerken" (W. M. Grauwen O.Praem.); "Beschouwingen over het recente Augustinusonderzoek" (M. Lamberigts); "Het Algemeen Rijksarchief" (E. Persoons); "Geschiedenis en huidig apostolaat van de Broeders van Liefde" (R. Stockman); "Het Provinciaal Archeologisch Museum te Ename" (J.-P. van der Meiren).

Lustrumvieringen

- 5 jaar: in de Sint-Pietersabdij van Steenbrugge op 18 maart 1970 (AV 10) met een forum over het lustrumverslag onder leiding van H. Ooms. Het voorziene referaat van prof. J. Stellingwerff (V.U. Amsterdam), "Een protestantse visie op katholieke bibliotheken", werd wegens afwezigheid uitgesteld tot de volgende vergadering (op 21 oktober 1970 te Tongerlo).
- 10 jaar: in het Osterrieth-huis te Antwerpen op 12 maart 1975 (AV 20) met een rede van dr. Jan Roes, directeur van het Katholiek Documentatie Centrum te Nijmegen: "Opvatting en werking van een (katholiek) documentatiecentrum"[6].
- 15 jaar: in de Norbertijnenabdij te Tongerlo op 26 maart 1980 met een referaat van voorzitter Herman Morlion: "15 jaar bibliotheek- en verenigingsleven 1965-1980"[7].
- 20 jaar: bij deze gelegenheid werd de traditionele lentevergadering vervangen door een excursie naar de nieuwe Erzbischöfliche Diözesan- und Dombibliothek te Keulen op 24 april 1985 (AV 40), gehuisvest in het Maternushaus, het nieuwe pastorale centrum van het aartsbisdom. Daar werden we ontvangen door de directeur van de bibliotheek,

6. Gepubliceerd in *Archief- en bibliotheekwezen in België* 46 (1975) nr. 3-4, 455-471.
7. Samenvatting in het verslag van de vergadering, in *V.R.B.-Informatie* 10 (1980) nr. 1-2, 3-6.

dr. J. Cervello-Margalef, en zijn voorganger prelaat Wilhelm Schönartz, jarenlang een regelmatige gast op onze algemene vergaderingen[8].

- 25 jaar: in het Pastoraal Centrum te Mechelen op 25 april 1990 (AV 50), met een toespraak over 25 jaar werking en de actuele situatie van de vereniging door voorzitter Etienne D'hondt[9].
- 30 jaar: In de Norbertijnenabdij te Averbode op 10 mei 1995 (AV 60), waar ook een ruimere delegatie (zeven deelnemers) van de Nederlandse zustervereniging uitgenodigd was, met een lezing door prof. dr. Marcel De Smedt, campusbibliothecaris voor de geesteswetenschappen aan de K.U.Leuven: "Godfried Bouvaert (1685-1770): monnik, dichter en bibliothecaris"[10].
- 35 jaar: In het Grootseminarie te Brugge op 29 maart 2000 (AV 70), waar André Geuns, voorzitter van BETH (Bibliothèques Européennes de Théologie), de evolutie schetste van de internationale samenwerking tussen de verenigingen van theologische bibliotheken en de VRB dankte voor haar waardevolle inbreng in deze. Goran Proot hield een lezing over "Het Brugs jezuïetentoneel in de zeventiende en achttiende eeuw"[11].
- 40 jaar: in het Grootseminarie te Brugge op 11 maart 2005 (niet als algemene vergadering) met een feestrede door prof. Eric Vanden Berghe: "Timeo hominem unius libri"[12]. Voor deze gelegenheid werd een aantal gasten uitgenodigd, terwijl ook het volledige bestuur van BETH de viering bijwoonde, wat het aantal deelnemers op vierenveertig bracht.

Tijdschrift

Het tijdschrift is een tweede belangrijke pijler in het leven van de vereniging. Hiermee worden ook de minder actieve leden bereikt.

Onder de naam *V.R.B.-mededelingen* verschenen in 1967-1968 zeven nummers. In 1969 was er een gemeenschappelijke uitgave met de Vereniging voor het Theologisch Bibliothecariaat. Vanaf 1970 verscheen het opnieuw afzonderlijk onder de huidige naam *V.R.B.-Informatie*. Lange tijd was het een bescheiden publicatie, gestencild, later gefotokopieerd.

8. Zie verslag in *V.R.B.-Informatie* 15(1985) nr. 1-2, 2-3.
9. Gepubliceerd in *V.R.B.-Informatie* 20 (1990) nr. 1-2, 3-5.
10. Gepubliceerd in *V.R.B.-Informatie* 25 (1995) nr. 1-2, 3-17.
11. Gepubliceerd in *V.R.B.-informatie* 30 (2000) nr. 1-4, 3-18.
12. Gepubliceerd in *V.R.B.-Informatie* 35 (2005) nr. 1-4, 3-12.

De voorziene driemaandelijkse periodiciteit werd volgehouden tot 1974; daarna werd die halfjaarlijks. De inhoud bestond vooral uit de verslagen van de algemene vergaderingen, nieuws uit de vereniging en uit de bibliotheekwereld, korte bijdragen van leden, en bibliotheconomische en bibliografische informatie (zie de bijdragen van Herwig Ooms over UDC, vakterminologie en zijn rubriek Bibliografie van de theologische bibliografie), een overzicht van de activiteiten en de inhoud van de tijdschriften van de zusterverenigingen[13], alsook een rubriek Literatuursignalering.

In 1989 nam voorzitter Etienne D'hondt het initiatief om er een professioneler uitziend tijdschrift van te maken, gedrukt bij ACCO. Om de kosten van het drukken enigszins te verlichten, werd (in zeer beperkte mate) reclame opgenomen. Vanaf dan bevat het tijdschrift, naast de traditionele rubrieken, ook langere substantiële bijdragen. Zo kwam er een rubriek "Geschiedenis van onze bibliotheken" die een zevental afleveringen kende, en werden – voor zover mogelijk – de teksten van de lezingen, gehouden op de algemene vergaderingen in extenso gepubliceerd. Daarnaast werden andere bijdragen opgenomen die qua onderwerp in het tijdschrift thuishoorden, denken we maar aan de artikels van G. Hendrix over Cîteaux. Tot 1996 kon de halfjaarlijkse periodiciteit aangehouden worden; nadien werd deze meestal jaarlijks, met één nummer voor de jaargangen 2002-2003 en voor de jaargangen 2006-2008.

Om actuele berichtgeving aan de leden te verzekeren, wordt naargelang van de noodzaak een nieuwsbrief of dringende informatie via e-mail verstuurd.

Realisaties

Subsidiëring

Het was de verdienste van voorzitter dom Amandus Dumon O.S.B. dat van het Ministerie van Nationale Opvoeding en Nederlandse Cultuur (later vanwege het Ministerie van de Vlaamse Gemeenschap, Dienst voor Openbaar Bibliotheekwerk) een toelage bekomen werd voor speciale bibliotheken betreffende de diensten die zij bewezen aan de openbare lectuurvoorziening (d.w.z. dat hun collecties toegankelijk waren voor lezers van buiten de instelling). Jaarlijks moest daarvoor een vragenlijst

13. Van de vermelde artikels kunnen de leden bij de secretaris een kopie aanvragen.

worden ingevuld, en de toelage moest voor 75% besteed worden aan de aankoop van boeken. Ten bewijze daarvan moesten de nodige facturen opgestuurd worden, en deze boeken bleven in principe eigendom van de Staat (een regeling gelijkaardig aan die voor de openbare bibliotheken van toen). De toelage had steeds betrekking op het werkjaar voordien. In 1972 genoten een twaalftal bibliotheken uit de VRB van deze toelage. Om een idee te geven van de grootte van deze subsidie: voor 1972 bedroeg deze 15.000 BEF, voor 1976 27.500 BEF (hoogste bedrag), voor 1985 10.526 BEF. Dit was ook het laatste jaar waarvoor deze toelage werd uitgekeerd. In naam van de vereniging stuurden voorzitter en secretaris een brief aan de toenmalige minister van cultuur, Patrick Dewael, die antwoordde dat prioriteit werd verleend aan de uitbouw van het openbaar bibliotheekwezen, conform het bibliotheekdecreet, en dat alle beschikbare middelen daartoe maximaal dienden aangewend te worden[14].

Opleiding

Op aanvraag van de Unie der Vrouwelijke Contemplatieven werd in samenwerking met het KADOC een basiscursus bibliotheek- en archiefopleiding voor religieuzen, belast met de zorg voor de huisbibliotheek van hun communauteit, ingericht. Om inzicht te krijgen in de problematiek, voerde Jos Van Dooren O.F.M., medewerker van het KADOC, een enquête uit onder zestien kloosters van de UVC[15]. Aan de hand van de resultaten hiervan werd een programma uitgewerkt door een werkgroep bestaande uit Herwig Ooms, Jos Van Dooren en Kris Van de Casteele; dr. J. Van den Nieuwenhuizen (o.a. archivaris van het kathedraalarchief Antwerpen) werd bereid gevonden om het archiefbeheer te behandelen. Ook de Unie van de Religieuzen van België was geïnteresseerd, zodat de cursus ook voor de apostolische religieuzen werd opengesteld. De cursus vond plaats in het Theologisch en Pastoraal Centrum te Antwerpen van 7 tot en met 9 april 1981. Er waren 58 deelneemsters[16].

Als opvolging van deze opleiding werd op 14 februari 1983 op dezelfde locatie een studiedag gehouden voor 20 deelneemsters. Het programma werd samengesteld aan de hand van vragen die op voorhand werden voorgelegd.

14. Zie *V.R.B.-Informatie* 17 (1987) nr. 3-4, 28.
15. *Enquête onder de huisbibliotheken van de Unie van Vrouwelijke Contemplatieven – 1980*, in *V.R.B.-Informatie* 10 (1980) nr. 3-4, 33-37.
16. Verslag in *V.R.B.-Informatie* 11 (1981) nr. 1-2, 9-10.

Studiedagen

De VRB richtte tot nu zelf geen studiedagen in, maar werkte daarvoor bij gelegenheid samen met andere verenigingen of organisaties.

Zo organiseerde zij samen met de Vereniging van Archivarissen en Bibliothecarissen van België het Colloquium "Bronnen voor de religieuze geschiedenis van België" te Brussel, van 30 november tot 2 december 1967[17], waar ook verschillende VRB-leden een lezing hielden.

Op 10 december 2004 organiseerde zij samen met Universiteit Antwerpen, de Provincie Antwerpen en de Vlaamse Werkgroep Boekgeschiedenis het congres "Abdijbibliotheken: heden, verleden, toekomst"[18].

Daarnaast riep zij de leden op om deel te nemen aan door anderen georganiseerde studiedagen, zoals "Liturgie en bibliotheek" in het KADOC op 31 mei 2000, waaraan voornamelijk VRB-leden deelnamen[19] en tijdens dewelke voorzitter Etienne D'hondt de bibliotheekpraktijk aangaande de liturgische collectie toelichtte.

Studiereizen, bezoekdagen

Op woensdag 20 februari 1980 werd een bezoekdag ingericht te Antwerpen. Een vijftiental leden bezochten de nieuwe centrale der Stedelijke Openbare Bibliotheken en de Vlaamse Bibliotheek Centrale waar we kennis namen van het aanbod aan bibliotheekmeubilair en -materialen[20].

Op vrijdag 8 september 1995 werd een bezoekdag te Brugge georganiseerd voor de Association des Bibliothèques Ecclésiastiques de France ter gelegenheid van hun algemene vergadering te Rijsel. Na een stadswandeling onder begeleiding van enkele gidsen werden het Groeningemuseum en het oude fonds van de stadsbibliotheek bezocht. Het voltallige VRB-bestuur nam de gelegenheid te baat om de Franse collega's te ontmoeten.

Tweemaal werd een studiereis ingericht:

Op initiatief van dom Thomas-Eric Schockaert O.S.B. gingen zeven deelnemers van woensdag 15 tot zondag 19 mei 1996 op pad naar Duitsland,

17. Gepubliceerd in: *Archives et bibliothèques de Belgique = Archief- en Bibliotheekwezen in België.* Speciaalnr. 1 (1968).

18. Pierre DELSAERDT & Evelien KAYAERT (ed.), *Abdijbibliotheken: heden, verleden, toekomst. Handelingen van het congres gehouden in Antwerpen op 10 december 2004* (Uitgaven van de Vereniging van Antwerpse Bibliofielen, N.R., 3), Antwerpen, Vereniging van Antwerpse Bibliofielen, 2005, 147 p.

19. Zie *KADOC-Nieuwsbrief* (2000) nr. 4, 12-13.

20. Verslag in *V.R.B.-Informatie* 10 (1980) nr. 1-2, 7.

meer bepaald naar Bamberg en omgeving. Bezocht werden o.a. de abdij van Maria Laach, de voormalige cisterciënzerabdij van Ebrach, de abdij van Münsterschwarzach en haar bibliotheek, Würzburg met de Marienkapelle, de Neumünster, de St. Kiliankathedraal, de kapel van de prinsbisschoppelijke residentie, de Alte Mainbrücke en de Festung Marienberg, Bamberg met de bibliotheek van de Fakultät Katholische Theologie, de Staatsbibliothek, de dom en het Diözesanmuseum, de St.-Jakobskerk en de voormalige abdij Michaelsberg[21].

Op donderdag 26 en vrijdag 27 augustus 1999 brachten 15 leden een bezoek aan de Erzbischöfliche Akademische Bibliothek te Paderborn op uitnodiging van directeur H.-J. Schmalor. Tegelijk werd er ook de tentoonstelling "Kunst und Kultur der Karolingerzeit: Karl der Große und Papst Leo III. in Paderborn" bezocht[22].

Gids van theologische bibliotheken

Reeds van bij de oprichting van de vereniging werd het project voor een inventaris van de kerkelijke bibliotheken opgezet. In de bestaande repertoria van bibliotheken en documentatiecentra kwam deze sector nauwelijks aan bod. In het verlengde van het colloquium 'Bronnen voor de religieuze geschiedenis van België' in 1967, waar onder het voorzitterschap van J. F. H. Ooms een afzonderlijke sectie vergaderde over "Kerkelijke Archieven en Bibliotheken NU", hadden de besturen van VRB en VSKB een eerste ontmoeting op 19 maart 1968 te Tilburg om gezamenlijk de uitgave van een repertorium van religieus-wetenschappelijke bibliotheken in België en Nederland voor te bereiden. Speciale aandacht zou gaan naar hun collecties en specialismen. De Nederlandse vereniging haakte af omdat het moment niet opportuun was: een stormachtig proces van opheffen en samenvoegen van studiehuizen maakte de situatie van de bibliotheken erg onzeker. In België realiseerden Herwig Ooms en Gaston Braive in 1971 een *Gids van de kerkelijke wetenschappelijke bibliotheken in België*, uitgegeven door de Vereniging van Archivarissen en Bibliothecarissen van België[23], waarin een zestigtal bibliotheken worden beschreven. In 1974 neemt de VSKB de draad weer op met een 'Ontwerp voor een gids van instellingen met religieuze en theologische informatie

21. Zie: K. VAN DE CASTEELE, *Studiereis naar Franken (Beieren), 15-19 mei 1996*, in *V.R.B.-Informatie* 26 (1996) nr. 1-2, 19-20, en de documentatiemap samengesteld door Thomas-Eric SCHOCKAERT, *Studiereis van enkele leden naar Franken, Beieren, 15-19 mei 1996*, 74 p.

22. Zie verslag van Marina TEIRLINCK, in *V.R.B.-Informatie* 29 (1999) 21-22.

23. Zie Bijlage 2: Publicaties (p. 89-90).

in Nederland en België', geschreven door R. Th. M. van Dijk O. Carm. Beide verenigingen stelden een enquêtecommissie samen, wat in 1979 leidde tot de oprichting van een redactiecommissie, voor de VRB bestaande uit J. F. H. Ooms en W. Audenaert, voor de Nederlandse delegatie uit R. Th. M. van Dijk en W. A. G. Thuys. W. Audenaert nam de eindredactie op zich en in 1983 verscheen dan uiteindelijk de *Gids voor theologische bibliotheken in Nederland en Vlaanderen*[24]. In deze gids worden 160 theologische bibliotheken of collecties beschreven. Men beoogde niet alleen de strikt kerkelijke bibliotheken, maar koos voor een ruimere invalshoek, namelijk het perspectief van theologie als wetenschap, waardoor ook theologische collecties uit algemene bibliotheken en universiteitsbibliotheken werden opgenomen. Naast de praktische informatie zoals naam en adres, personeel, eigenaar, omvang, toegankelijkheid en dienstverlening, zijn ook gegevens opgenomen over de inhoud van de collectie: zwaartepunten en bijzondere collecties, geschiedenis en literatuur over en publicaties van de bibliotheken. De rangschikking is geografisch en de gegevens zijn verder ontsloten door een index van persoonsnamen en van zaak- en geografische namen. Voor Vlaanderen werden 73 bibliotheken vermeld, waarvan 62 specifiek kerkelijke[25]. De publicatie van de Gids was aanleiding voor een feestelijke voorstelling ervan in de Koninklijke Bibliotheek te Den Haag op 14 juni 1983. Prof. S. De Smet S. J. hield een feestrede: "De religieuze literatuur: een band tussen Noord en Zuid"; R. Th. M. van Dijk maakte van het gebeuren een verslag: "De feestelijke aanbieding van de Gids van theologische bibliotheken"[26].

In de jaren negentig werd getracht een geactualiseerde heruitgave van de gids te maken. Zo demonstreerde Johan Van Wyngaerden, voorzitter van de VTB, op de algemene vergadering van 10 mei 1995 te Averbode (AV 60) hiervoor nog een model dat op voordelige wijze op diskette zou kunnen worden geleverd; ook een afdruk op papier zou gerealiseerd worden voor wie dat wenste. Het project werd niet voltooid, wellicht bij gebrek aan een eindredacteur zoals eertijds Willem Audenaert. Ondertussen wordt deze leemte enigszins opgevuld door de creatie van een website voor de VRB.

24. Zie Bijlage 2: Publicaties (p. 89).

25. Zie: Herman MORLION, *De theologische bibliotheken in Vlaanderen: verleden en toekomst; een gedachtewisseling naar aanleiding van de gids*, in *V.R.B.-Informatie* 14 (1984) nr. 1-2, 3-7.

26. Beide teksten vormden Bijlage 2 van *V.R.B.-Informatie* 13 (1983) nr. 1-2; ook verschenen in *Mededelingen van de Vereniging voor het Theologisch Bibliothecariaat* 34 (1983) nr. 1-3, 27-46.

Om theologische bibliotheken in Vlaanderen in het bibliotheeklandschap zichtbaarder te maken, spoorde het bestuur de leden meermaals aan om mee te werken aan andere initiatieven zoals de *Vlaamse Bibliotheek- en Documentatiegids* en het project *BOLD* (*Belgian Online Libraries Directory*).

Beleidsplan

Het is een speling van de geschiedenis dat het moment van het ontstaan van de vereniging op het einde van het tweede Vaticaanse Concilie, een periode van dynamiek en vernieuwing in de katholieke Kerk, ook het begin was van een drastische terugval in het aantal roepingen in West-Europa. Vooral orden en congregaties zagen zich hierdoor genoodzaakt tot het herstructureren of opheffen van kloosters en studiehuizen, met als gevolg dat bibliotheekcollecties op korte tijd moesten worden ontmanteld, soms zelfs het opheffen van volledige bibliotheken een noodzaak werd. Ik herinner mij dat ik als jong VRB-lid in de eerste helft van de jaren zeventig in de wandelgangen van een algemene vergadering geruchten hoorde als zou er hier of daar in een klooster, bij een noodzakelijke aankoop, bijvoorbeeld van een nieuwe auto, al eens gekeken werd of er niet enkele boeken uit de bibliotheek konden worden verkocht. Ik vermeld het om de sfeer van die dagen op te roepen in verband met een probleem dat de vereniging al langer bezig hield. Al op de AV 5 van 11 oktober 1967 is er sprake van een circulaire van Jos Andriessen S.J. waarin hij zijn bezorgdheid over de toestand in de bibliotheken van alle vrouwelijke en mannelijke religieuzen in België uitdrukte. In de volgende vergadering (AV 6 van 13 maart 1968) wordt gesproken over de liquidatie van enkele grotere bibliotheken, waarbij principieel de voorrang voor VRB-bibliotheken wordt geponeerd. Voorzitter A. Dumon O.S.B. heeft het over "Liquidatie-probleem van de kerkelijke bibliotheken, met de vijfvoudige norm" (AV 12, 10 maart 1970). Al vroeg is er dan ook vraag naar de oprichting van een opvangdepot naar het model van het KDC te Nijmegen. Een dergelijk initiatief ging de mogelijkheden van de vereniging uiteraard ver te boven. Twee initiatieven van de K.U. Leuven brachten soelaas: de oprichting van de Bibliotheek van de Faculteit Godgeleerdheid en van het Katholiek Documentatie- en Onderzoekscentrum (KADOC). Beide instellingen spelen op dit domein hun eigen rol. Voor het KADOC lag de opdracht voor de hand. De faculteitsbibliotheek vervulde – naast haar eigen opdracht – steeds meer de functie van een centrale theologische bibliotheek en depot voor waardevolle collecties die elders afgestoten werden.

In 1980 achtte het bestuur de tijd rijp om, tegen de achtergrond van de geschetste evoluties, enkele aanbevelingen te formuleren met het oog op een verantwoord bibliotheekbeleid naar de toekomst toe. Daartoe wordt een *Beleidsnota voor de religieus-wetenschappelijke bibliotheken* opgesteld. Behandeld worden: de specifieke taak van de religieus-wetenschappelijke bibliotheken binnen de kerkprovincie; het beheer (materiële voorzieningen, geschoold personeel); de collectievorming, met aandacht voor het specifieke van de onderscheiden types bibliotheken (faculteiten, seminaries, abdijen, orden en congregaties); de ontsluiting (volgens de eisen van de actuele regels en ontwikkelingen ter zake); beschikbaarheid; afvoer (beleidsmatig en de mogelijkheden verkennend binnen eigen instelling, kerkprovincie enz.) en tenslotte de samenwerking met andere religieuze bibliotheken, waarbij men zich als groep verantwoordelijk weet voor het bibliotheekbeleid in de hele kerkprovincie[27].

Als een vrijwillige vereniging heeft de VRB uiteraard geen zeggingsmacht over de rechtspersoon die eigenaar is van de bibliotheken, en kan ze hooguit advies verlenen en een moreel gezag laten gelden.

Deze beleidsnota vond navolging bij de Franse en Duitse zustervereniging, die er een aangepaste versie van ontwikkelden.

Een hart onder de riem in deze materie, van katholieke zijde, was de oprichting van de Pauselijke Commissie voor het behoud van het kunst- en historisch patrimonium van de Kerk[28], en de brief over de *Kerkelijke bibliotheken in de zending van de Kerk* die zij op 19 maart 1994 publiceerde[29].

Clavis foliorum periodicorum theologicorum Benelux[30]

Dit project beoogde de beschrijving van belangrijke theologische tijdschriften en vond zijn oorsprong in een initiatief van Abbé Raymond

27. Gepubliceerd in *V.R.B.-Informatie* 11 (1981) nr. 1-2, 4-5; ook in *Vinculum* 14 (1982-83) 3.

28. Zie samenvatting door Herwig OOMS in *V.R.B.-Informatie* 22 (1992) nr. 3-4, 42-44, van het verslag van Francesco MARCHISANO in *Notitiae* 28 (1992) nr. 8 (= 313), 507-527; zie ook vertaling van de brief van Mgr. Francesco Marchisano van 19 maart 1994 in, *V.R.B.-Informatie* 23 (1995) nr. 1-2, 18-20.

29. Zie bv. Franse vertaling: *Les bibliothèques dans la mission de l'Église,* in *La documentation catholique* 76:91 (1994) nr. 11, 510-516; of: *Kirchliche Bibliotheken in der Sendung der Kirche. Schreiben der Päpstlichen Kommission für die Kulturgüter der Kirche vom 19. März 1994; mit der Dokumentation der Fachtagung der Arbeitsgemeinschaft der Katholisch-theologischen Bibliotheken am 17. Juli 2002 in Wiesbanden-Naurod* (Arbeitshilfen, 168), Bonn, Sekretariat der Deutschen Bischofskonferenz, 2003, 122 p.

30. Zie Bijlage 2: Publicaties (p. 90).

Etaix, bibliothecaris en later professor aan de Facultés Catholiques te Lyon. Onder de benaming *Clavis periodicorum* stelde hij een veertigtal beschrijvingen op. Het project werd voortgezet door de Franse vereniging ABEF die de verzameling geleidelijk aanvulde en bijwerkte tot een honderdtal titels, verspreid in losbladige vorm als bijlage bij hun tijdschrift. Herwig Ooms nam in de jaren 1969-1970 een twaalftal beschrijvingen van Nederlands- en Franstalige tijdschriften voor zijn rekening. In dit kader kan ook het project vermeld worden van een van de leden, J.-K. Verfaille: *Inventaris van de godsdienstige periodieken in België, verschenen tijdens de periode van 1914 tot 1974, aanwezig in de religieus-wetenschappelijke bibliotheken van België* (ondergebracht in het KADOC). In de jaren zeventig vond het project ruimere weerklank binnen de Conseil international des associations de Bibliothèques de Théologie. In Duitsland verzamelde Alfons Speyer de gegevens over een 700 à 800 tijdschriften, waarvan de Arbeitsgemeinschaft Katholisch-Theologischer Bibliotheken (AKThB) er in 1993 een beperkt aantal in losbladige vorm publiceerde[31]. Vanuit een groeiende samenwerking tussen de VRB en de Nederlandse VTB en de Werkgroep wetenschappelijk-theologische bibliotheken (WWTB) werd een Benelux-clavis al vroeg als een gemeenschappelijk project gezien, waarbij ook de medewerking van Franstalig België werd gezocht. Geleidelijk werden tal van uitvoeringsmodaliteiten vastgelegd, maar verder kwam het niet: geen enkele medewerker kon voldoende tijd vrijmaken voor de uitvoering van dit project, totdat in 1988 Willem Audenaert spontaan zijn diensten aanbood als 'eindredacteur'. In feite zou het leeuwenaandeel van de redactionele arbeid ook nog te zijnen laste vallen. Alles samen genomen worden in dit repertorium 222 tijdschriften beschreven, waarvan 79 lopend in 1987. Naast een exhaustieve technisch-bibliografische beschrijving worden ook gegevens over redactie, uitgever en inhoud van de tijdschriften verstrekt, aangevuld met bibliografische verwijzingen en ontsloten in een uitvoerig persoonsnamenregister. Dat dit werk in 1994 uiteindelijk kon verschijnen is te danken aan de acribie en het doorzettingsvermogen van Willem Audenaert, de begeleiding van Herman Morlion en de logistieke ondersteuning van de Bibliotheek van de Faculteit Godgeleerdheid, waar Etienne D'hondt er o.a. voor zorgde dat het niet vastliep in het moeras van eindeloos perfectionisme. In de Europese context is het een unieke publicatie.

31. *Clavis periodicorum: die theologische Zeitschriften des deutschsprachigen Raumes von 1700 bis 1980*, 1. Lieferung, 1993.

Website

Op initiatief van voorzitter Etienne D'hondt werd te Leuven een website voor de vereniging aangemaakt: http://www.theo.kuleuven.be/vrb/. Hier vindt men in een actuele ledenlijst de namen van de bibliothecarissen met eventueel de vermelding van de website van hun bibliotheek. De ledenlijst met vermelding van adressen, telefoon en e-mail is enkel voor leden toegankelijk. Verder staan hier online de jaarrapporten vanaf 1999-2000 en de *V.R.B.-Informatie* vanaf jaargang 30 (2000). Een verzendlijst maakt het mogelijk actuele informatie en nieuwsberichten snel te verspreiden, alhoewel dit systeem niet volledig sluitend is: in oktober 2009 beschikken 48 van de 62 leden over een elektronisch adres.

Bestuur

Zoals Herman Morlion het omschreef, is het bestuur de echte motor van de vereniging. Het bestuur bestaat uit vijf of zes leden, verkozen door de algemene vergadering. De algemene vergadering kiest onder de bestuursleden een voorzitter en een secretaris. Bij de keuze van het bestuur werd een redelijke vertegenwoordiging per bibliotheektype betracht: de abdijbibliotheken, de kloosterbibliotheken, de seminariebibliotheken, de universitaire bibliotheken en de gespecialiseerde wetenschappelijke instituten. Wat betreft de abdij- en kloosterbibliotheken kon dit de laatste jaren niet meer waargemaakt worden[32]. Wanneer een leemte in het bestuur optreedt, gaat het bestuur zelf op zoek naar geschikte kandidaten om deze voor te dragen op de algemene vergadering. Spontane sollicitaties zijn tot nu niet voorgekomen.

Het bestuur vergadert naargelang van de noodzaak, gemiddeld twee à drie keer per jaar. In september 2009 werd de 116de bestuursvergadering gehouden.

Het bestuur bestaat uit een voorzitter, een secretaris, een schatbewaarder (functie die vanaf 1996 gecombineerd werd met die van secretaris) en enkele leden. Vanwege hun verdiensten werden de stichter Herwig Ooms en voormalig voorzitter Herman Morlion in 1986 tot ere-voorzitter benoemd.

32. Vermeld zij dat de abdijbibliotheken ook samenkomen in een eigen Werkgroep Abdijbibliotheken (WAB) die grensoverschrijdend werkt: in oktober 2009 telde zij twintig leden uit Nederland en Vlaanderen.

De taak van het bestuur bestaat vooral in het draaiende houden van de vereniging: de voorbereiding van de algemene vergadering, het beheer van de financiën, de uitgave van het tijdschrift. De voorzitter vertegenwoordigt meestal de vereniging in de relaties met derden, in casu de zusterverenigingen.

Binnen het bestuur komt dezelfde evolutie voor als onder de leden. Was ikzelf in 1976 de eerste leek die in het bestuur werd verkozen, sinds 1998 bestaat het uitsluitend uit leken. Dit komt ook doordat religieuze kandidaten een bestuursmandaat niet verenigbaar achten met de vele andere taken die zij dienen te vervullen binnen hun gemeenschap. Zoals de leden zijn de bestuursleden ook 'vrijwilligers' en ontvangen zij geen vergoeding voor de uitoefening van hun mandaat. Vele zaken dienen daarom voor, na of tussen het eigen werk door geregeld te worden: de organisatie van de vergaderingen en bezoeken en wat daarbij komt kijken, de uitgave van het tijdschrift. Het mag dan ook niet verwonderen dat de laatste jaren geen grotere projecten meer werden aangevat: daar is eenvoudigweg de mankracht niet voor aanwezig.

Externe contacten

Bibliotheekverenigingen in Vlaanderen en België

Tijdens het eerste decennium waren er regelmatige contacten met de Vlaamse Vereniging en met de Vereniging van Archivarissen en Bibliothecarissen van België. Berichten over de VRB werden in hun tijdschriften opgenomen. Dit was vooral gekoppeld aan de figuur van de stichter Herwig Ooms die ook in deze verenigingen actief was. Nadien verdwenen de contacten nagenoeg. Een gedeelte van onze leden is echter ook nu lid van de Vlaamse Vereniging voor Bibliotheek-, Archief- en Documentatiewezen en houdt zo contact met de ontwikkelingen in het bibliotheekwezen in Vlaanderen.

Bibliothèques Européennes de Théologie (BETH)

Al op de tweede AV van 13 oktober 1965 vraagt de vereniging om aansluiting bij het Comité International de Coordination des Associations de bibliothèques de Théologie catholique (CIC); in 1967 wordt zij lid. In 1971 wordt dit de Conseil international des Associations de Bibliothèques de Théologie, in 1998 verandert de naam in Bibliothèques Européennes de Théologie (BETH). De VRB heeft sinds haar toetreding een actieve rol in deze vereniging gespeeld: Herwig Ooms was voorzitter van 1972 tot 1977, Herman Morlion van 1977 tot 1989, Etienne D'hondt is vice-voorzitter sinds 1990. In deze functie zorgde hij onder andere voor de realisatie van een website voor BETH: http://www.theo.kuleuven.be/beth/[33] en organiseerde hij in september 2008 te Leuven de algemene vergadering van BETH. Op de jaarvergaderingen heeft de VRB het recht om zich te laten vertegenwoordigen door twee afgevaardigden; in de regel vertegenwoordigen de voorzitter en de secretaris de vereniging.

Zusterverenigingen

Van bij haar ontstaan onderhield de VRB bevoorrechte contacten met de Nederlandse zustervereniging, wat zich uitte in gezamenlijke projecten, bestuursvergaderingen en een algemene vergadering in 1988. In het midden van de jaren negentig kwam de VTB in een inactieve fase terecht, waaruit zij in 2002 werd opgewekt. Sindsdien is er opnieuw regelmatig contact in de persoon van voorzitter Etienne D'hondt die de vergaderingen regelmatig bijwoont. Dit leidde onlangs nog opnieuw tot een gezamenlijke vergadering in Turnhout (07.10.2009). Daarnaast werden van oudsher vooral contacten onderhouden met de Duitse en Franse verenigingen, later sporadisch ook met de Engelse.

Promotie VRB

Promotie voeren is een bescheiden aangelegenheid in de VRB In de jaren negentig werd wel een folder samengesteld, die bij verschillende gelegenheden werd verspreid en voornamelijk werd gebruikt om mogelijke nieuwe kandidaat-leden over de vereniging te informeren.

Met een brief van 27 mei 1986 verzocht het bestuur de redactie van het *Katholiek Jaarboek voor België* om opname van de vereniging in de rubriek bibliotheekwezen. Sindsdien werden de gegevens bij elke uitgave geactualiseerd.

Op 24 en 25 april 1993 nam de vereniging deel aan de Vlaamse Kerkdagen. In Antwerpen werd in de Augustinuskerk door uitgevers het religieuze boek voorgesteld. Voorzitter en secretaris bemanden er elk één

33. Voor meer informatie zie: Paul MECH, Herman MORLION en André J. GEUNS, *Le Conseil International des Associations de Bibliothèques de Théologie*, in Godelieve GINNEBERGE (ed.), *Conseil International des Associations de Bibliothèques de Théologie = Internationaler Rat der Vereinigungen theologischer Bibliotheken = International Council of Theological Library Associations 1961-1996* (Instrumenta theologica, 17), Leuven, Bibliotheek van de Faculteit Godgeleerdheid van de K.U. Leuven, 1996, p. 1-7.

dag een stand waar de publicaties van de vereniging, van leden-bibliotheken en de folder over de VRB ter beschikking lagen.

Besluit

Sinds het ontstaan van de VRB is het landschap van de religieus-wetenschappelijke bibliotheken in Vlaanderen ingrijpend gewijzigd. De VRB kon die evolutie, gezien haar mogelijkheden, zeker niet sturen maar slechts volgen, hooguit hier en daar begeleiden. Vele bibliotheken verdwenen. Toch zagen er in deze periode ook nieuwe het licht. Is de storm intussen geluwd, toch is het verschuiven en opheffen van bibliotheken niet ten einde: getuige daarvan de nog recente overdracht van de bibliotheek en het archief van het Franciscaans Historisch Instituut naar de Maurits Sabbebibliotheek en het KADOC. Beide instellingen werden doorheen de jaren een thuishaven voor vele collecties. Recentelijk nog werd het Forum voor Kerkelijke Archieven een medespeler op dit gebied. Ook vanuit de overheid wordt met het Erfgoeddecreet een kader aangereikt om de historisch waardevolle collecties te behouden. De reductie van het aantal bibliotheken houdt evenwel niet noodzakelijk een verschraling van het aanbod in. De meeste waren immers gericht op de opleidingen in eigen huis. In een periode waarin, weliswaar in bescheiden mate, de belangstelling voor theologie onder leken toeneemt en meer leken een pastorale taak in de kerk opnemen, is het van belang dat de seminariebibliotheken ondertussen geëvolueerd zijn naar diocesane bibliotheken die ook dit publiek kunnen ondersteunen. Anderzijds kan gesteld worden dat het meeste waardevolle materiaal is bewaard gebleven en geconcentreerd in Leuven.

Wat de ledenwerving betreft, kan men verwachten dat het aantal met de jaren nog zal verminderen en het aandeel van leken erin zal toenemen. Het is verheugend vast te stellen dat daarbij niet alleen bibliotheconomische bekwaamheden, maar ook wetenschappelijke competentie niet ontbreken. Wellicht komt er een ogenblik waarop aan nieuwe leden in plaats van een bibliotheconomische een theologische introductie wordt aangeboden.

Uitdagingen voor de toekomst zijn het implementeren van elektronische publicatievormen zoals e-books en e-journals en de belasting die deze vormen voor de budgetten van vooral de kleinere bibliotheken. Wellicht kan een nauwere samenwerking met het oog op de collectievorming een uitweg bieden. Ook hier kan de VRB slechts nota nemen van deze evoluties en een begeleidende rol spelen.

Aan het einde zien we dat de VRB gerealiseerd heeft wat haar stichter voor ogen stond: de theologische bibliotheken zichtbaar maken in het geheel van de bibliotheekwereld in Vlaanderen (en daarbuiten), de bibliotheconomische competentie op gelijk niveau brengen met de 'profane' bibliotheeksector en de onderlinge bekendheid en samenwerking tot stand brengen. We stellen dat vooral in de sociale cohesie, in de verantwoordelijkheidszin voor de collecties en in de samenwerking en collegialiteit onder de leden de voornaamste realisatie en bestaansreden van de VRB is gelegen.

Tot slot: dit voorjaar bestaat de VRB vijfenveertig jaar. Vierentwintig jaar heeft Etienne D'hondt als voorzitter met oog voor vernieuwing en traditie de vereniging geleid. Dankbaar hiervoor sluit ik in naam van de vereniging af met:

Coniuncti amore librorum nos te salutamus[34].

Bijlage 1: Bestuur

1965-2010	Jan Frans Herwig Ooms O.F.M.
1965-1967	Frans Bossuyt S.J.
1965-1967	Eligius Dekkers O.S.B.
1965-1968	Jan Lemmens A.A.
1965-1969	Luc Dequeker
1967-1976†	Amandus Dumon O.S.B.
1967-1990	Herman Morlion S.J.
1968-1970	Serge Buve O.S.B.
1969-1970	Karel De Voght
1970-1976	Paul Depre C.J.
1970-1976	Adelbert Denaux
1976-1976	Bernard Bruning O.S.A.
1976-1980	Carlos De Pillecyn O.Praem.
1976-1984	Emiel Van de Vyver O.S.B.
1976-2009	Kris Van de Casteele
1976-1987	Willem Audenaert O.C.D.
1980-	Etienne D'hondt
1984-1988	Jeroen De Cuyper O.Praem.
1987-	Frans Hendrickx
1988-1998	Thomas Schockaert O.S.B.
1990-1994	Bernard Bruning O.S.A.
1994-	Marina Teirlinck

34. Met dank aan Paul Vander Poorten.

1999-	Carine Dujardin
2005-	Erik Meganck
2009-	Kristof Decoorne

Functies binnen het bestuur:

Voorzitter	65.03.10 – 66.10.19	J.F.H. Ooms O.F.M.
	66.10.19 – 69.10.16	L. Dequeker
	69.10.16 – 76.08.02†	A. Dumon O.S.B.
Wn. Voorzitter	76.08.02 – 77.03.23	J.F.H. Ooms O.F.M.
Voorzitter	77.03.23 – 86.03.20	H. Morlion S.J.
	86.03.20 –	E. D'hondt
Ondervoorzitter	77.12.15 – 86.05.14	J.F.H. Ooms O.F.M.
	86.05.14 – 90.09.26	H. Morlion S.J.
Secretaris	65.03.10 – 66.10.19	F. Bossuyt S.J.
	66.10.19 – 76.04-07	J.F.H. Ooms O.F.M.
	76.04.07 – 09.10.07	K. Van de Casteele
	09.10.07 –	K. Decoorne
Penningmeester	65.03.10 – 96.12.11	J.F.H. Ooms O.F.M.
	96.12.11 –	functie overgenomen door secretaris

Bijlage 2: Publicaties

Religieuze Archieven en Bibliotheken in België. Handelingen van de IVe Sectie van het Colloquium 'Bronnen van de religieuze geschiedenis van België' (Brussel, 30 november – 2 december 1967), in *Archief- en Bibliotheekwezen in België = Archives et bibliothèques de Belgique,* Extra nummer 1 (1968), 195 p.

Handleiding voor Bibliotheekkunde (gepolycopieerd), Sint-Truiden, V.R.B., 1968, 59 p.

Herwig OOMS & Gaston BRAIVE, *Gids voor de kerkelijke wetenschappelijke bibliotheken in België = Répertoire des bibliothèques ecclésiastiques scientifiques en Belgique,* Brussel, Vereniging van Archivarissen en Bibliothecarissen van België = Association des archivistes et bibliothécaires de Belgique & Vereniging van religieus-wetenschappelijke Bibliothecarissen, 1971, 67 p.

Gids van theologische Bibliotheken in Nederland en Vlaanderen, Voorburg, Protestantse Stichting tot Bevordering van het Bibliotheekwezen en de Lectuurvoorlichting in Nederland, 1983, XXXIII-142 p. Co-editie van de VRB met de Vereniging voor het Theologisch Bibliothecariaat (VTB) en de Werkgroep Wetenschappelijk Theologische Bibliotheken (WWTB).

Willem AUDENAERT, *Thomas a Kempis. De imitatione Christi en andere werken. Een short-title catalogus van de 17de en 18de eeuwse drukken in de bibliotheken van Nederlandstalig België* (Instrumenta Theologica, 3), Leuven, Bibliotheek van de Faculteit Godgeleerdheid, 1985, 287 p. (co-editie met VRB).

Twintig jaar Vereniging van Religieus-wetenschappelijke Bibliothecarissen (VRB) 1965-1985, Sint-Truiden, V.R.B., 1986, 35 p.

Willem AUDENAERT m.m.v. Godelieve GINNEBERGE en Herman MORLION, *Clavis foliorum periodicorum theologicorum Benelux (CFPTh)* (Instrumenta Theologica, 13), Leuven, Bibliotheek van de Faculteit Godgeleerdheid, 1994, LIII-439 p.

V.R.B.-Mededelingen 1967-1970 (in 1969: *Mededelingen van de Vereniging tot stimulering van het kerkelijk en godsdienstig-wetenschappelijk bibliotheekwezen VSKB en van de Vereniging van Religieus-wetenschappelijke Bibliothecarissen VRB*).

V.R.B.-Informatie 1 (1970-71)-.

Scripta recenter edita: commentarii bibliographici qui, ut bibliothecis theologicis necnon philosophicis bono sint usui, eduntur, 11 (1969), Nijmegen Bestel Centrale V.S.K.B., 1969 (co-editie van VSKB en VRB).

Scripta recenter edita: International current bibliography of books published in the fields of philosophical and theological sciences, 12-15 (1970-1973) (co-editie van VSKB en VRB).

Kris VAN DE CASTEELE (ed.), *Lijst van werken betreffende theologie en godsdienst, verschenen in het Nederlands*, Antwerpen, Bibliotheek van het Seminarie, 1 (1973)-.

Bibliografie Doctorale Scripties Theologie (BDST), 1-17 (1978-1994) (co-editie van VTB en VRB).

Bijlage 3: Algemene Vergaderingen VRB

AV 1 65.03.10 Heverlee (Leuven) – jezuïeten

Stichtingsvergadering. De geplande naam "Werkgenootschap voor Filosofie- en Theologie-Bibliotheken" wordt uiteindelijk "Vereniging voor Filosofie- en theologie-Bibliothecarissen". Op de halfjaarlijkse bijeenkomsten wil men enerzijds een "studie-onderwerp" bekijken en anderzijds de plaatselijke bibliotheek bezoeken. Men vraagt een voorstudie van statuten, een verslag van de vergadering en een "Formulier ter bepaling van de aard van de bibliotheken" op te sturen. Samenstelling van het bestuur: voorzitter, secretaris en drie bestuursleden. Aanwezig: 17; verontschuldigd: 2.

AV 2 65.10.1 Dendermonde – benedictijnen

Onderzoek van de statuten. Naamverandering: "Vereniging van Religieus-wetenschappelijke Bibliotheken" (VRB). Aanvraag tot aansluiting bij "Comité international de coordination des Associations de bibliothèques de théologie catholique" (CIC) aanvaard. Jaarlijks lidgeld wordt ingesteld, het opstellen van een informatieblad aangenomen. Onderlinge uitwisseling van boeken en tijdschriften via één reeks rond te sturen fiches wordt georganiseerd. Gedachtewisseling over een werkprogramma betreffende een serie onderwerpen i.v.m. de religieus-wetenschappelijke bibliotheken. Een hele reeks activiteiten en studie-onderwerpen worden op een rijtje geplaatst. Voor en na rondleiding in de bibliotheek en langs kunstschatten van de abdij. Aanwezig: 22; verontschuldigd: 2.

AV 3 66.10.19 Zichem (Scherpenheuvel-Zichem) – Averbode

VRB onder de hoge bescherming gesteld van de Vereniging der Hogere Oversten van België.
Werkgroepen opgericht m.b.t. catalogisering (Fr. Bossuyt S.J.), oud-boekbezit (J. Andriessen S.J.), administratie (Gr. de Clercq O.S.B.). Gezien het succes wordt besloten een tweede set steekkaarten van "Aanbod en Vraag" een rondgang te laten doen. BCNI-aanvullingen worden ingewacht bij J. Andriessen S.J. Causerie: Activiteiten van C.I.C. (J.D. Bakker S.S.S.). Mededeling: Religieus-intellectuele toestand achter het IJzeren Gordijn, meer bijzonder in Polen (J.D. Bakker S.S.S.). Uitgebreid netwerk van werkgroepen wordt in het vooruitzicht gesteld. Rondleiding in bibliotheek en gebouwen van de abdij. Aanwezig: 13; verontschuldigd: 6; aangekondigd: 4; gasten: 1.

AV 4 67.03.08 Brugge – grootseminarie

VRB onder de hoge bescherming gesteld van de Vergadering van de Belgische Bisschoppen.
VRB lid van CIC geworden. Referaat: Enige beschouwingen over het oude boek (J. Andriessen S.J.). De tekst wordt hernomen op het colloquium "Bronnen voor de religieuze geschiedenis in België", mede georganiseerd door de VRB te Brussel in november 1967 (9 sprekers zijn leden van VRB). Mededeling: De organisatie van de wetenschappelijke bibliotheek in Limburg. (H. Ooms O.F.M.). Rondleiding in de bibliotheek en langs de kunstschatten van het Grootseminarie. Gasten: V.S.K.B.-bestuur voltallig aanwezig.

AV 5 67.10.11. Mechelen – grootseminarie

Aanpassing Voorlopige Statuten en verkiezingen. Werkcommissie voor het Statuut zal een statuut voor de bibliotheek en een voor de bibliothecaris opstellen. Zorg om de bibliotheken van alle vrouwelijke en mannelijke (broeder-)religieuzen in België. (Circulaire van aanbieding van dienstenpakket van VRB, o.l.v. J. Andriessen S.J.) Mogelijke federatieve opname van Franssprekende collega's uit Waalse bibliotheken. Vraag om een volledige ledenlijst, mede rond te sturen met het Verslag. Rondleiding in de bibliotheek van het Grootseminarie. Bezoek aan de Stedelijke Openbare Bibliotheek van Mechelen. Fiches van Aanwinsten van monografieën en van de tijdschriften uit het Grootseminarie zijn aanwezig in de stedelijke Openbare Bibliotheek.

AV 6 68.03.13 Antwerpen – UFSIA

"Vraag en Aanbod" wordt een gestencilde uitgave, gecentraliseerd o.l.v. A. Rijmersdael O.F.M. Liquidatie van enkele grotere bibliotheken wordt bekeken. Principieel wordt de voorrang voor VRB-leden geponeerd. Het kader van CKS en LIKS. leent zich niet tot bibliotheekconcentratie. Behandeling van het contact met de vrouwelijke en mannelijke (broeder-)religieuzenbibliotheken: slechts vier beantwoordden de circulaire; het probleem van de bibliotheken blijft nochtans levensgroot bestaan. Zoeken naar een vorm van samenwerking met VSKB. Medewerking aan vaktijdschriften wordt onder ogen genomen m.b.t. inzenden van verslagen over de bijeenkomsten van VRB. Als actieve deelname aan de hulp aan de Kerk in Oost-Europa wordt door het bestuur van de VRB besloten tot een abonnement op "Tijdschrift voor Theologie". Rondleiding in de bibliotheken van de UFSIA en van het Ruusbroec-Genootschap. Aanwezig: 20; verontschuldigd: 5.

AV 7 68.10.09 Sint-Truiden – Instituut voor Franciscaanse Geschiedenis
Jaarverslag 1967/68. In het kader van samenwerking van VRB met VSKB wordt tot de inbouw van het abonnement van *Scripta recenter edita* in het lidgeld beslist, alsmede tot het gemeenschappelijk uitgeven van het Verenigingsorgaan. VRB wordt een vereniging van fysieke personen: Vereniging van religieus-wetenschappelijke Bibliothecarissen. Afronding van het probleem van de bibliotheken van de vrouwelijke en mannelijke (broeder-)religieuzen: toevertrouwd aan de zorg van de VRB-leden in de nabijheid. VRB krijgt rechtspersoonlijkheid door de publicatie van de Statuten in het Belgisch Staatsblad van 19.09.1968. Bij die gelegenheid wordt de VRB een vereniging van fysieke personen. Referaat: Plan Limburg of de oprichting van een concentratie van de Limburgse kerkelijke bibliotheken binnen het kader van de Wetenschappelijke Bibliotheek Limburg te Hasselt (W. Dehennin). Rondleiding in het klooster en in de tuin en tenslotte in het Instituut voor Franciscaanse Geschiedenis. Aanwezig: 19; verontschuldigd: 7; gasten: 2.

AV 8 69.03.12 Bornem – cisterciënzers
Forum: *Scripta recenter edita* (o.l.v. J.D. Bakker S.S.S.). Mededeling: De Bibliotheek van de Protestantse Theologische Faculteit (W. Lutjeharms). Referaat: Samenwerking tussen de nieuwe Theologische Faculteit Leuven-Nederlands en de Bibliotheek van het Filosofisch en Theologisch College van de Sociëteit van Jezus te Heverlee (H. Morlion S.J.). Rondleiding in de bibliotheek en langs een kleine tentoonstelling van handschriften en oude drukken. Aanwezig: 23; gasten: 1.

AV 9 69.09.17 Heverlee (Leuven) – Parkabdij
Referaat: De oecumenische bibliotheek te Chevetogne en haar internationale relaties (S. Buve O.S.B.). Mededeling: Normalisatie van titelbeschrijving en Internationaal Standaard Boeknummer (F. De Vrieze). Ontslag van voorzitter L. Dequeker. Medewerking aan "Clavis Periodicorum" wordt aanvaard. Rondleiding in archief en bibliotheek van de abdij. Aanwezig: 19; gasten: 5.

AV 10 70.03.18 Brugge – Steenbrugge
Forum: Lustrum-verslag (uitvoerige bespreking o.l.v. H. Ooms O.F.M.). Causerie: Corpus Christianorum (E. Dekkers O.S.B.). Referaat van Prof. J. Stellingwerff uitgesteld wegens afwezigheid. Abonnementsgeld voor *Scripta recenter edita* uit het lidgeld gelicht. De staking van medewerking bij het gemeenschappelijk uitgeven van het verenigingsorgaan wordt bekeken. Aanwezig: 22; verontschuldigd: 6; gasten: 7.

AV 11 70.10.21 Westerlo – Tongerlo
Causerie: De toestand in de Nederlandse katholieke bibliotheekwereld (H. Ooms O.F.M.). Mededeling: Tegenwoordige toestand van de bibliotheekproblemen aan de Centrale Bibliotheek van de K.U. Leuven (W. Dehennin). Referaat: Een protestantse visie op katholieke bibliotheken. (J. Stellingwerff) (in extenso verschenen in *V.R.B.-Informatie*). Forum: Opleving van abdij- en kloosterbibliotheken als gespecialiseerde bibliotheken m.b.t. de eigen spiritualiteit en in het kader van de eigen omgeving (H. Ooms O.F.M.), en de oprichting en uitbouw van diocesane bibliotheken (A. Denaux), met tenslotte het probleem van de bewaarbibliotheek van de oud-ascetische literatuur. Bezoek aan de bibliotheek van de abdij. Gasten: 6.

AV 12 71.03.10 Brussel – Koninklijke Bibliotheek
Liquidatieprobleem van de kerkelijke bibliotheken, met de vijfvoudige norm (A. Dumon O.S.B.). Jaaroverzicht 1969/70 kort bekeken (H. Ooms O.F.M.). Zeer uitgebreid en lang bezoek aan de KB. Aanwezig: 31; gasten: 4.

AV 13 71.10.27 Leuven – Keizersberg
De imminente uitgave van de Gids van kerkelijke bibliotheken in België (H. Ooms O.F.M. en G. Braive) wordt bekeken. Vragen en problemen van de leden. Uitgebreid Forum o.l.v. H. Ooms O.F.M. Medewerking gevraagd voor het Censimento van pauselijke oorkonden, zowel originele akten als in kopie bewaard. Bezoek aan Institutum Bibliographicum Liturgicum (IBL) en aan de abdijbibliotheek. Gasten: 5.

AV 14 72.03.15 Brussel – Rogiercentrum
Inleidende toespraak over het boek en zijn gebruiker (A. Dumon O.S.B.) (in extenso opgenomen in *V.R.B.-Mededelingen*). Referaat: Enkele opmerkingen van een leek over het religieuze boek (A. Mertens) in het kader van een uitgebreid en druk bijgewoond gesprek met de uitgevers. Resultaten van de enquête over "Vraag en Aanbod". Bezoek aan de Internationale Boekenbeurs. Gasten: 24.

AV15 72.09.19/20 Maredsous – benedictijnen
Informele samenkomst te Vaalbeek op de vooravond. Referaat: Le Bulletin d'ancienne littérature chrétienne (P. Bogaert O.S.B.). Bezichtiging van de tentoonstelling t.g.v. het eeuwfeest van de abdij en de abdijbibliotheek. Gasten: 5.

AV 16 73.03.14 Antwerpen – Theologisch en Pastoraal Centrum
Verslag over de audiëntie van A. Dumon O.S.B. bij Paus Paulus VI en bij Mgr. A. Ruysschaert. Referaat: Aard en werking van de diocesane bibliotheek (T. Boeckx) (tekst verscheen in *Bibliotheekgids* nr. 2, 75-88). Mededeling: *Scripta recenter edita* en *World Library Service* (J.-D. Bakker S.S.S.). Mededeling: Protestantische Bibliotheken in BRD (Dr. Seidel). Voortzetting van het gesprek met de uitgeverswereld. Verontschuldigd: 4; gasten: 6.

AV 17 73.09.27 Brussel – Protestantse Theologische Faculteit
Referaat: De rol van de bibliotheek in een Protestantse Theologische Faculteit (G. van Leeuwen). (Op band opgenomen, gepubliceerd?). Mededeling: De rol van de bibliotheek in de Lutheraanse theologische bibliotheken in Duitsland (Dr. H.-W. Seidel). Bezoek aan de Faculteitsbibliotheek. Causerie: De Kerk in Oost-Europa en voornamelijk in Roemenië (J.D. Bakker S.S.S.). Mededeling: Vijfhonderdste verjaring van de boekdrukkunst in de Nederlanden n.a.v. de tentoonstelling in de Koninklijke Bibliotheek (Mevr. E. Cockx-Indestege). Eveneens bezoek aan de bibliotheek van de Bollandisten. Gasten: 5.

AV 18 74.03.06 Brugge – Engels Klooster
Inleiding: Over het vrouwelijk bibliothecariaat (A. Dumon O.S.B.). Mededeling: Voorstelling van het werk "Centrale Kranten- en Tijdschriftencatalogus van West-Vlaanderen" door de auteur (L. Schepens). Referaat: De bibliotheek in de vrouwelijke religieuze gemeenschappen (Zr. Christina Van Wonterghem, kanunnikes van het H. Graf, St.-Trudoabdij, Male). Bezoek aan archief en bibliotheek. Ontvangst op het Stadhuis te Brugge. Welkomstgroet door Schepen van Onderwijs. Toelichting over plan en maquette van de nieuwe stadsbibliotheek door hoofdbibliothecaris J. Van Damme (Receptie). Verontschuldigd: 4; gasten: 7.

AV 19 74.10.09 Brugge – Sint-Andries
Causerie: Belevenissen bij het bibliotheekonderzoek naar het oude boek (J. D. Broekaert O.S.B.). Mededeling: Stand van zaken m.b.t. Inventaris van de godsdienstige periodieken in België verschenen tot 1974 (J.K. Verfaille). Voorstelling van tijdschriften: Speling (door R.Th.M. van Dijk O.Carm., Nijmegen). Lijst van werken betreffende theologie, verschenen in het Nederlands (door K. Van de Casteele). Bezoek aan de bibliotheek. Aanwezig: 18; verontschuldigd: 5; gasten: 5.

AV 20 75.03.12 Antwerpen – Lustrumviering
Lustrumviering 10 jaar VRB Feestrede: Katholiek Documentatie Centrum te Nijmegen (J.H. Roes) (verscheen in *Archief- en Bibliotheekwezen in België – Archives et bibliothèques de Belgique* 46 (1975) 455-471). Rondleiding in het Osterriethhuis en receptie in de salons van de Bank van Parijs en de Nederlanden door

M. Naessens. Bezoek aan Archief en Museum van het Vlaamse Cultuurleven (o.l.v. L. Simons).

AV 21 75.10.22 Leuven – Faculteit der Godgeleerdheid
Causerie: Ontstaan, groei en perspectieven van de Bibliotheek van de Faculteit der Godgeleerdheid van de Katholieke Universiteit Leuven (M. Sabbe). Bezoek aan de bibliotheek in de de Bériotstraat.

AV 22 76.03.10 Grimbergen – premonstratenzers
Magistrale uiteenzetting: CERDIC (Strasbourg), La bibliographie RIC et son apport au Clavis periodicorum (J. Schlick). Bezoek aan de bibliotheek, kerk en sacristie.

AV 23 76.10.13 Gent – augustijnen
Herdenking overleden voorzitter Amandus Dumon O.S.B. Referaat: De verhouding tussen Kerk en Staat betreffende archieven, bibliotheken en kunstwerken (W.M. Grauwen O.Praem.). Bezoek aan klooster, bibliotheek en kloostermuseum.

AV 24 77.03.23 Diepenbeek – Limburgs Universitair Centrum
Bespreking wijziging van de Statuten (o.l.v. T. Boeckx). Bezoek aan de bibliotheek (o.l.v. H. Ooms O.F.M., bibliothecaris) en aan de gebouwen van de universiteit. Gasten: 3.

AV 25 77.09.21 Brussel – Facultés universitaires Saint-Louis
Referaat: Katholiek Documentatie- en Onderzoekscentrum KADOC (J. Roegiers i.p.v. E. Lamberts). Bezoek aan de bibliotheek van de Facultés universitaires Saint-Louis. Bezoek aan de tentoonstelling in Passage 44 b.g.v. IFLA-Congres te Brussel. Gasten: 2.

AV 26 78.03.15 Edingen (Enghien) – kapucijnen
Referaat: Gebruik van de trefwoordencatalogus in onze bibliotheken (H. Ooms O.F.M.). Causerie: Beknopt overzicht over de geschiedenis van de familie Arenberg (A. Roeykens O.F.M.Cap.). Bezoek aan het klooster, aan de bibliotheek, aan het Arenberg-museum en aan de stad Edingen. Gasten: 3.

AV 27 78.09.27 Antwerpen – Ruusbroec-Genootschap
Referaat: Status quaestionis van de werking van het Katholiek Documentatie- en Onderzoekscentrum (KADOC) na 1 jaar activiteit (J. De Maeyer). Causerie: Geschiedenis van het Ruusbroec-Genootschap en zijn bibliotheek (J. Andriessen S.J.). Bezoek aan de bibliotheek van het Ruusbroec-Genootschap. Bezoek aan de nieuwe gebouwen van de UFSIA (o.l.v. J. Van Brabant S.J.). Aanwezig: 27; verontschuldigd: 16; gasten: 4.

AV 28 79.03.28 Gent – karmelieten
Mededeling: Toelichting bij het nieuw Dekreet betreffende het Nederlandstalig Openbare Bibliotheekwerk (J. Van Brabant S.J.). Practicum: De verzorging van oude boeken (o.l.v. L. Van Aaken O.Cist.). Bezoek aan klooster, bibliotheek, retraitehuis, uitgeverij en boekhandel. Aanwezig: 27; verontschuldigd: 10; gasten: 3.

AV 29 79.09.26 Scherpenheuvel-Zichem – Averbode
Referaat: Het project Bibliografie van Nederlandse theologie-bibliografie (H.Ooms O.F.M.). Mededeling: Prijsberekeningen van buitenlandse werken door de boekhandelaars (J. Van Brabant S.J.). Bezoek aan de uitgeverij-drukkerij Altiora en aan abdij, kerk en bibliotheek. Aanwezig: 27; verontschuldigd: 10; gasten: 3.

AV 30 80.03.26 Westerlo – Tongerlo
Referaat: 15 jaar bibliotheek- en verenigingsleven 1965-1980 (H. Morlion S.J.; voorgedragen door E. Van de Vyver O.S.B.). Bezoek aan abdij, archief en bibliotheek. Aanwezig: 29; verontschuldigd: 10; gasten: 6.

AV 31 80.09.24 Leuven – K.U.Leuven – Centrale Bibliotheek
Referaat: De bibliotheekcentrale en haar collecties (W. Jonckheere). Korte schets van de Preciosa (R. Tavernier). Bezoek aan de bibliotheekcentrale. Kennismaking met het Archief en Museum van het Vlaams Studentenleven (o.l.v. J. Roegiers). Inleiding: Het Leuvens Integraal Bibliotheek- en InformatieSysteem (LIBIS) (A. Regent). Demonstratie van de operationele onderdelen van LIBIS. Aanwezig: 30.

AV 32 81.04.01 Gent – dominicanen
Forum: Beleidsnota voor de religieus-wetenschappelijke bibliotheken in Nederlandstalig België (o.l.v. H. Morlion S.J.). Mededeling: Uitgaven van de Regel van Sint-Benedictus (J.-D. Broekaert O.S.B.). Aankondiging: Overzicht van de feestelijkheden t.g.v. het Ruusbroecjaar (J. Andriessen S.J.). Diamontage: 750 jaar dominicanen te Gent (J.P. De Pue O.P.). Bezoek aan de bibliotheek en klooster en daarna aan het Pand (voormalig dominicanenklooster) in de stad. Aanwezig: 27; gasten: 2.

AV 33 81.09.30 Gent – Bisschoppelijk Seminarie
Referaat: Het project van een Centrale Catalogus van de Gentse wetenschappelijke Bibliotheken (E. Wille). Mededeling: Ruusbroec-tentoonstelling in de Koninklijke Bibliotheek te Brussel (J. Andriessen S.J.). Bezoek aan de bibliotheek van het Bisschoppelijk Seminarie. Bezoek aan de Centrale Bibliotheek van de Rijksuniversiteit Gent, catalogi en collecties (o.l.v. E. Wille). Aanwezig: 30; gasten: 2.

AV 34 82.03.3 Antwerpen – UFSIA
Mededeling: Stand van zaken van de Gids van theologische Bibliotheken (R Th.M. van Dijk O.Carm.). Referaat: De bouw van een nieuwe Bibliotheekcentrale. De bibliotheek van de UFSIA (J. Van Brabant S.J.). Rondleiding in de bibliotheek. Bezoek aan een tentoonstelling van oude en nieuwe, goed en slecht gerestaureerde banden. Practicum: Problemen van boekbinden, restauratie en aanvezelen (J. Dekimpe). Aanwezig: 29; verontschuldigd: 13; gasten: 5.

AV 35 82.09.22 Dendermonde – benedictijnen
Referaat: Bibliografische retrospectieve over het Benedictusjaar (Abt A. Hoste O.S.B.). Bezoek aan de tentoonstelling van benedictijnse publicaties. Rondleiding in abdij, bibliotheek en museum. Aanwezig: 29; verontschuldigd: 15; gasten: 3.

AV 36 83.03.18 Leuven – KADOC
Mededeling: Stand van zaken van de Gids van theologische Bibliotheken (H. Ooms O.F.M. en W. Audenaert). Referaat: Vijf jaren KADOC (1977-1982): ervaringen en opties voor de toekomst (J. De Maeyer). Inleidingen: Ontsluiting en bewaring van archieven (A. Osaer). Ontsluiting en bewaring van audiovisuele documentatie (L. Vints). Bezoek aan het KADOC, afdelingen archief en audiovisuele documentatie. Aanwezig: 30; verontschuldigd: 14; gasten: 2.

AV 37 83.09.28 Brugge – Sint-Andries
Causerie: Ontstaan en groei van de abdijbibliotheek van Zevenkerken (J. D. Broekaert O.S.B.). Inleiding: Eerste evaluatie van de Gids van theologische bibliotheken (H. Morlion S.J.). Uitgebreide gedachtewisseling. Bezoek aan de abdijbibliotheek en de onderscheiden collecties. Aanwezig: 36; verontschuldigd: 15; gasten: 2.

AV 38 84.03.28 Leuven – Faculteit der Godgeleerdheid
Uiteenzetting: De theologische bibliotheken in Vlaanderen: verleden en toekomst; een gedachtewisseling naar aanleiding van de Gids (H. Morlion S.J.). Document: Systematisch overzicht van de collecties, voorhanden in Vlaamse theologische bibliotheken (Tabel, opgesteld door W. Audenaert). Gedachtewisseling over het collectogram. Mededeling: Stand van zaken van het project van Bibliografie van de Navolging van Christus. 1601-1800 (H. Morlion S.J.). Inleiding: Huidige werking van de bibliotheek van de Faculteit der Godgeleerdheid van de Katholieke Universiteit Leuven (E. D'hondt). Bezoek aan de Faculteitsbibliotheek. Aanwezig: 35; verontschuldigd: 10; gasten: 5.

AV 39 84.09.26 Hasselt – Provinciale Bibliotheek
Referaat: Inleiding in het Openbaar Bibliotheekwerk in Vlaanderen (E. Heidbuchel). Inleiding: Overzicht van ontstaan en werking van de Provinciale Bibliotheek

Limburg (E. Heidbuchel). Rondleiding in de Provinciale Bibliotheek. Aanwezig: 19; verontschuldigd: 27; gasten: 2.

AV 40 85.04.24 Keulen – bezoekdag
Inleiding: Geschiedenis van de Erzbischöfliche Diözesan- und Dombibliothek (J. Cervello-Margalef). Mogelijk bezoek aan de tentoonstelling 'Ornamenta Ecclesiae' in de stad. Practicum: Werkzaamheden in de Restauratieafdeling (J. Sievers). Aanwezig: 25.

AV 41 85.10.10 Sint-Truiden – Instituut voor Franciscaanse Geschiedenis
Inleiding: Geschiedenis van het Provinciaal Archief- en Documentatiecentrum (P.A.D.) (R. Van Laere). Bezoek aan de instituutsbibliotheek van de franciscanen. Bezoek aan de tentoonstelling Religieuze kunst in het oude landdecanaat van Tongeren in het Provinciaal Museum voor Religieuze Kunst (begijnhofkerk).

AV 42 86.03.20 Kortrijk – karmelieten/Stadsbibliotheek/Budastraat
Voorstelling: Herdenkingsbrochure VRB 1965-1985. Bezoek aan de kloosterbibliotheek van de karmelieten. Bezoek aan de oude collecties van de Stedelijke Openbare Bibliotheek (met uitgebreide Inleiding door P. Vancolen). Bezoek aan het klooster van de zusters augustinessen (Budastraat). Gasten: 3.

AV 43 86.10.29 Leuven – K.U.Leuven – Centrale Bibliotheek
Causerie: Ontstaan en groei van de universiteitsbibliotheek (J. Roegiers). Verslag: Geschiedenis van de Vlaamse Vereniging voor religieuze archivarissen (H. Morlion S.J.). Referaat: Mogelijkheden van DOBIS/LIBIS voor kleinere wetenschappelijke bibliotheken (A. Regent). Bezoek aan vernieuwd universiteitsarchief (o.l.v. R. Tavernier) en aan de speciale bibliotheek voor kranten, overheidspublicaties en periodieken. Aanwezig: 30; verontschuldigd: 10; gasten: 2.

AV 44 87.04.22 Tielt – Lannoo
Causerie: Voorstelling van de werking en de geschiedenis van Drukkerij-uitgeverij Lannoo (Godfr. Lannoo). Referaat: De evolutie van het religieuze boek in de laatste decennia (J. Demolder O.S.B.) (verschenen in *V.R.B.-Informatie* 17 (1987) nr. 3-4, 32-34). Inleiding: Het religieuze boek bij Lannoo (L. Sercu). Uitgebreid bezoek aan het hele bedrijf, onder deskundige leiding (o.a. Godelieve Lannoo). Aanwezig: 38; verontschuldigd: 15; gasten: 1.

AV 45 87.10.14 Leuven – Keizersberg
Referaat: De liturgische uitgaven vandaag (P. D'Haese O.P.). Causerie: Abdij Keizersberg en "Questions liturgiques" (A. Verheul O.S.B.). Inleiding: Een nieuwe vorm voor de liturgische bibliografie (L. Leijssen). Rondleiding in de abdijgebouwen, in bibliotheek en Institut bibliographique de liturgie. Aanwezig: 30; verontschuldigd: 15; gasten: 3.

AV 46 88.05.25 Turnhout – Brepols
Gemeenschappelijk op touw gezette vergadering met de (Nederlandse) Vereniging voor theologisch bibliothecariaat (VTB). Referaat: Overzicht van de geschiedenis van Brepols en haar actuele werking (dhr. Bols). Verslag: De besprekingen met VTB i.v.m. de reorganisatie van de verenigingstijdschriften van VRB en VTB (H. Morlion S.J.). Causerie: Verleden en toekomst van Corpus Christianorum (E. Dekkers O.S.B.). Aanwezig: 55, waarvan 28 VRB; verontschuldigd VRB: 15; gasten: 1.

AV 47 88.10.26 Brugge – Steenbrugge
Referaat: Regels voor de beschrijving van oude drukken, ISBD(A) (Elly Cockx-Indestege). Bezoek aan abdij en bibliotheek. Werkbezoek aan de vernieuwde Centrale openbare bibliotheek Brugge en aan de tentoonstelling van de ter plaatse bewaarde incunabelen. Aanwezig: 31; verontschuldigd: 13; gasten: 4.

AV 48 89.04.12 Namen – Facultés universitaires Notre-Dame de la Paix
Voorstelling van de Franstalige Belgische zustervereniging ABTIR (J. Scheuer S.J. en J.-Fr. Gilmont). Bezoek aan het Centre de documentation et de recherche religieuses (J. Scheuer S.J.). Inleiding: Histoire de la Bibliothèque Moretus-Plantin (J.M. Gille); bezoek aan de bibliotheek. Aanwezig: 22; verontschuldigd: 23; gasten: 2.

AV 49 89.10.18 Bornem – cisterciënzers
Referaat: Verzorging en restauratie van het oude boek (C. Coppens). Causerie: Geschiedenis van de cisterciënzerbibliotheek te Bornem (L. Van Aaken S.O.Cist.). Bezoek aan abdij, bibliotheek en boekbindersatelier. Aanwezig: 29; verontschuldigd 20; gasten: 2.

AV 50 90.04.25 Mechelen – Pastoraal Centrum
Toespraak t.g.v. het 25-jarig bestaan van de VRB (E. D'hondt). Gelegenheidstoespraak over de plaats van boek en bibliotheek in verleden en heden (S. De Smedt). Bezoek aan het archief van het aartsbisdom (dhr. Jans) en aan de trefzaal van het Pastoraal Centrum. Ontvangst op het aartsbisschoppelijk paleis door Mgr. Jan De Bie. Aanwezig: 35; verontschuldigd: 18; gasten: 4.

AV 51 90.09.26 Antwerpen – Ruusbroec
Inleiding over het Ruusbroecgenootschap (P. Verdeyen S.J.). De 'Opera omnia'-uitgave van Ruusbroec (Guido De Baere S.J.). Referaat: De betekenis van Antwerpen als produktiecentrum van devotieprenten, 1585-1850 (prof. dr. Alfons K.L. Thijs, UFSIA) (in *V.R.B.-Informatie* 20 (1990) nr. 3-4, 53-63). Inleiding over bouwgeschiedenis van de bibliotheek en rondleiding (Frans Hendrickx). Aanwezig: 24; verontschuldigd: 23; gasten: 4.

AV 52 91.04.10 Leuven – KADOC
Referaat: 17de- en 18de-eeuwse preekboeken als historische bron voor het dagelijks leven (dr. Hans Storme). Middagmaal in de Salons Georges aangeboden door de dominicanen van Leuven. Rondleiding door het KADOC-gebouw (voormalig minderbroedersklooster aan de Vlamingenstraat) (F. Santy en L. Dierynck). Aanwezig: 33; verontschuldigd: 21; gasten: 2.

AV 53 91.10.23 Heverlee – augustijnen
Referaat: Enkele beschouwingen over het recente Augustinusonderzoek (prof. dr. M. Lamberigts) (in *V.R.B.-Informatie* 21 (1991) nr. 3-4, 37-57). Bezoek aan het nieuwe bibliotheekmagazijn (Bernard Bruning O.S.A.). Rondleiding in de Parkabdij (prior F. Swarte). Aanwezig: 34; verontschuldigd: 19; gasten: 1.

AV 54 92.03.25 Antwerpen – Diocesaan Seminarie
Inleiding over het Seminarie en Theologisch en Pastoraal Centrum (prof. E. Van Waelderen). Voorstelling van de *Cetedoc Library of Christian Latin texts (CLCLT) on CD-Rom* (R. Vander Plaetse en Hans Deraeve, Brepols). Bezoek aan de bibliotheek en overzicht van 20 jaar werking (K. Van de Casteele). Demonstratie bibliotheekautomatiseringspakket ATBIB (Helena Van Rompuy, bibliotheek Stedelijk Hoger Handelsintituut te Turnhout). Aanwezig: 28; verontschuldigd: 19; gasten 3.

AV 55 92.10.07 Aken – Bischöfliche Akademie August-Pieper-Haus
Welkomstwoord door de gastheer, bibliothecaris dr. K. Sipöcz. Referaat: Kirchenpresse im Dritten Reich: Die katholische Kirchenzeitung für das Bistum Aachen (dr. August Brecher). Officiële verwelkoming door Dompropst dr. H. Müllejans. Bezoek aan de Dom en de stad (K. Sipöcz). Aanwezig: 22; verontschuldigd: 24; gasten: 3.

AV 56 93.04.21 Chevetogne – benedictijnen
Inleiding over geschiedenis en werking van de abdij (abt Michel van Parijs). Referaat over de situatie van de theologische bibliotheken in Midden- en Oost-Europa, en de mogelijkheden tot hulpverlening (Thaddeus Barnas). Bezoek aan abdij en bibliotheek. Aanwezig: 25; verontschuldigd: 23; gasten: 2.

AV 57 93.10.20 Luik – Bibliotheek Grootseminarie
Verwelkoming en inleiding over de recente evolutie van het seminarie (Joseph Cassart, president). Referaat: Le fonds ancien de la bibliothèque du Grand Séminaire (Jean Gustin). Bezoek aan de kathedraal; rondleiding in de bibliotheek (Yves Charlier). Aanwezig: 20; verontschuldigd: 24.

AV 58 94.03.16 Sint-Truiden – franciscanen
Demonstratie van modern archiefbeheer d.m.v. het systeem Canonfile 250 (firma Stulens, Hasselt). Praktijkdemonstratie Canonfile 250 (archivaris Alex

Coenen). Bezoek aan kerk en crypte, en aan het Museum voor religieuze kunst. Aanwezig: 25; verontschuldigd: 26; gasten: 1.

AV 59 94.10.26 Grimbergen – norbertijnen
Referaat over het samenstellen van de catalogus *Early Sixteenth Century Printed Books, 1501 1540, in the Library of the Leuven Faculty of Theology* (Frans Gistelinck) (zie schriftelijke weergave: Frans GISTELINCK, *Klassieke, middeleeuwse en renaissance auteurs: naamvormen bij het catalogiseren*, in *V.R.B.-Informatie* 24 (1994) 82-84). Rondleiding in de abdij en bezoek aan de bibliotheek (Ton Smits). Aanwezig: 32; verontschuldigd: 20; gasten: 2.

AV 60 95.05.10 Averbode – norbertijnen
Lustrumvergadering 30 jaar VRB. Referaat: Godfried Bouvvaert (1685-1770): monnik, dichter en bibliothecaris (prof. dr. Marcel De Smedt) (in *V.R.B.-Informatie* 25 (1995) nr.1-2, 3-17). Eucharistieviering met de abdijgemeenschap. Rondleiding door abdij en drukkerij-uitgeverij Altiora (Herman Janssens). Bezoek aan bibliotheek en nieuwe magazijnruimte (G. Fleurent). Aanwezig: 37; verontschuldigd: 18; gasten: 2.

AV 61 95.10.11 Antwerpen – UFSIA
Verwelkoming door de hoofdbibliothecaris (prof. dr. Ludo Simons). Referaat over praktijkervaringen met het maken en gebruiken van theologische bibliografieën (Gilbert Van Belle). Bezoek tentoonstelling Polyanthea: dertig & enige hoogtepunten uit de historische collecties van de UFSIA (Pierre Delsaerdt). Internetdemonstratie (Theo Boeckx). Rondleiding Hof van Liere en Prentenkabinet (Pierre Delsaerdt). Aanwezig: 34; verontschuldigd: 22; gasten: 1.

AV 62 96.04.16 Kerkrade – Grootseminarie
Referaat: Emmanuel Schelstraete (1649-1692), kerkhistoricus en prefect van de Vaticaanse bibliotheek (Toon Van Houdt). Rondleiding in het abdijcomplex en bezoek aan de bibliotheek (prof.dr. Johan Van der Vloet). Bezoek aan de Universiteit voor Theologie en Pastoraat te Heerlen (Johan Van Wyngaerden). Aanwezig: 27; verontschuldigd: 23.

AV 63 96.10.09 Gent – augustijnen
Rondleiding in de tentoonstelling: 700 jaar augustijnen: een kloostergemeenschap schrijft geschiedenis, in de Sint-Pietersabdij (Werner Grootaers O.S.A.). Bezoek klooster, kerk en bibliotheek van de augustijnen (Werner Grootaers O.S.A.).

AV 64 97.05.07 Oud-Heverlee – salesianen
Voorstelling materialen boekconservering en -restauratie (La route du papier). Inleiding over de eigenheid van de salesiaanse bibliotheek en bezoek (prof. dr. Jacques Schepens). Bezoek tentoonstelling Mariana Lovaniensia in de Biblio-

theek van de Faculteit der Godgeleerdheid te Leuven. Aanwezig: 28; verontschuldigd.: 20; gasten: 1.

AV 65 97.11.19 Leuven – KADOC
Rondleiding tentoonstelling in de Predikherenkerk: De ingenieuze neogotiek: techniek en kunst, 1852-1925 (prof.dr. Jan De Maeyer). Inleiding op en bezoek aan de tentoonstelling Neogotiek in de boekenkast in de Centrale Bibliotheek (dr. Carine Dujardin). Aanwezig: 25; verontschuldigd: 21.

AV 66 98.04.22 Antwerpen – Halewijn
Inleiding over ontstaan en ontwikkeling van lokale parochiebladen en huidige uitgave (Jo Cornille). Bezoek aan het bedrijf. Referaat: De kartuizers op het Kiel, in Lier en te Antwerpen (Jan De Grauwe) (zie ook: Jan DE GRAUWE, *De kartuizers te Antwerpen,* in *V.R.B.-Informatie* 28 (1998) nr. 1-2, 23-36). Inleiding over Kerknet (Jo Cornille) en demonstratie (Marc Van Bavel). Aanwezig: 24; verontschuldigd: 20.

AV 67 98.11.04 Gent – Grootseminarie
Referaat: Geschiedenis van de Griekse kritische uitgaven van het Nieuwe Testament aan de hand van exemplaren uit de bibliotheek van het Bisschoppelijke Seminarie te Gent (prof. Peter Schmidt). Rondleiding in bibliotheek en leeszaal (Marina Teirlinck). Bezoek aan Bisschoppelijk Paleis en archief (Ludo Collin). Aanwezig: 30; verontschuldigd: 19; gasten: 2.

AV 68 99.05.12 Leuven – Uitgeverij Peeters
Bezoek drukkerij Orientaliste te Winksele. Bezoek stockerings- en distributiecentrum aan de Oude Vaart te Leuven. Bezoek boekhandel en ontvangst in de salons van de familie Peeters aan de Bondgenotenlaan. Aanwezig: 25; verontschuldigd: 23; gasten: 2.

AV 69 99.10.13 Tongerlo – norbertijnen
Referaat: Conserveren en catalogiseren van kaarten en atlassen (Joost Depuydt). Rondleiding in abdij, kerk en Da Vinci-museum (Jeroen De Cuyper). Demonstratie websites (Ariane Titeca). Aanwezig: 24; verontschuldigd: 21.

AV 70 00.03.29 Brugge – Grootseminarie
Viering 35-jarig bestaan. Referaat: Het Brugs jezuïetentoneel in de zeventiende en achttiende eeuw (Goran Proot) (in *V.R.B.-Informatie* 30 (2002) 3-18). Inleiding over de evolutie van de internationale samenwerking tussen theologische bibliotheekverenigingen door de voorzitter van BETH (dr. André Geuns). Voorstelling project *Short Title Catalogue Vlaanderen (STCV)* (Goran Proot en Joost Depuydt). Bezoek bibliotheek en toelichting bij enkele handschriften uit de collectie (Kurt Priem). Aanwezig: 31; verontschuldigd: 20; gasten: 3.

AV 71 00.10.18 **Brussel – Rijksarchief**
Voordracht over de werking van het Rijksarchief door de Algemeen Rijksarchivaris (dr. E. Persoons). Bezoek aan bibliotheek en drukkerij. Bezoek aan tentoonstelling in de Koninklijke Bibliotheek t.g.v. Brussel culturele hoofdstad Europa. Bezoek tentoonstelling in het Rijksarchief Van openbare naar religieuze bibliotheek (Jerome Machiels). Aanwezig: 20; verontschuldigd: 28; gasten: 2.

AV 72 01.05.16 **Leuven – Davidsfonds**
Voorstelling van het Davidsfonds door de nationaal secretaris (Norbert D'hulst). Referaat: Geschiedenis van het Davidsfonds, 1875-2000 (dr. Edward de Maesschalk). Voorstelling van de uitgeverij (Katrien De Vreese). Namiddag in de Bibliotheek Faculteit Godgeleerdheid: Voordracht over het werk van Willem Audenaert, vnl. zijn *Prosopographia Iesuitica Belgica Antiqua* (Herman Morlion S.J.). Inleiding over en bezoek aan de tentoonstelling: Onze Lieve Vrouwe Ter Hoyen, hortus conclusus van Clausynne Vandennieuweland (dr. Guido Hendrix). Aanwezig: 20: verontschuldigd: 25.

AV 73 01.11.28 **Brugge – Sint-Andriesabdij**
Referaat over de geschiedenis van de abdij (P. Papejans de Morckhoven O.S.B.). Voorstelling nieuwe website augustijnen (Bernard Bruning O.S.A.). Lezing: De bibliotheken van de Sint-Andriesabdij (Zevenkerken) (V. Broekaert O.S.B.). (in *V.R.B.-Informatie* 32 (2002) 20-23); bezoek aan abdij en bibliotheek.

AV 74 02.04.16 **Gent – Broeders van Liefde**
Inleiding over de werking van Vormingsdienst Guislain en het documentatiecentrum (Erik Meganck). Voordracht over geschiedenis en huidig apostolaat van de Broeders van Liefde door de Generale Overste (dr. René Stockman). Bezoek aan de tentoonstelling: Het hoofd ten voeten uit, in het Museum Dr. Guislain. Aanwezig: 19; verontschuldigd: 26.

AV 75 02.10.02 **Maredsous – benedictijnen**
Voorstelling van het Centre Informatique et Bible (C.I.B.) (R.-F. Poswick). Voordracht: Overzicht van de oude boekcollecties in Wallonië (Luc Knapen) (in *V.R.B.-Informatie* 33-34 (2003/2004) 50-67). Bezoek aan bibliotheek (Dom D. Misonne). Aanwezig: 23.

AV 76 03.05.07 **Heverlee – Campusbibliotheek Arenberg**
Voorstelling project Digitale Bijbelbibliografie van in België en Nederland gedrukte bijbels, 477-1553 (Luc Knapen & Wim François) (in *V.R.B.-Informatie* 33-34 (2003-2004) 68-70). Referaat: Het Celestijnenklooster te Heverlee (Patrick Valvekens) (in *V.R.B.-Informatie* 33-34 (2003-2004) 28-49). Stand van zaken STCV (Goran Proot en Stijn Van Rossum) (zie ook: Goran PROOT, *De Short Title Catalogus Vlaanderen. Voorstelling van een veelzijdig onderzoeksinstrument,*

in *V.R.B.-Informatie* 33-34 (2003-2004) 7-27). Voorstelling en bezoek nieuwe campusbibliotheek exacte wetenschappen (Ludo Holans). Aanwezig: 27; verontschuldigd: 21.

AV 77 03.10.29 Bilzen – Landcommanderij Alden Biesen
Referaat: Universele Decimale Classificatie en religie en theologie (Wouter Schallier). Inleiding over geschiedenis Duitse Orde en rondleiding domein. Bezoek tentoonstelling over Grootmeester Leopold Willem van Oostenrijk. Aanwezig: 29; verontschuldigd: 13.

AV 78 04.05.19 Morlanwelz – Musée royal de Mariemont
Projectie twee video's over het behandelen van kostbare werken. Bezoek aan de 'réserve précieuse' (Marie-Blanche Delattre). Rondleiding in het museum en de tentoonstelling Le Pater: illustrations pour le Notre Père van Alphonse Mucha. Bezoek aan basiliek en bibliotheek van de voormalige norbertijnenabdij Bonne-Espérance. Aanwezig: 26; verontschuldigd: 25; gasten: 1.

AV 79 04.11.24 Antwerpen
Inleiding op de tentoonstelling Een zee van toegelaten lust: hoogtepunten uit abdijbibliotheken in de provincie Antwerpen (prof. dr. Pierre Delsaerdt). Rondleiding in de tentoonstelling (Geert Souveryns). Rondleiding Stadsbibliotheek Antwerpen en bezoek aan de tentoonstelling Tegendruk: geheime pers tijdens de tweede wereldoorlog.

AV 88 09.05.27 Namen – Bibliothèque Universitaire Moretus Plantin
Algemene voorstelling BUMP (Katrien Bergé). Digitaliseringsprojecten (J. Lambert). Bezoek aan het restauratieatelier (G. Charles) en aan de Réserve précieuse (G. Biart). Bezoek: Centre de Documentation et de Recherches Religieuses (Chantal Berhin). Aanwezig: 22; verontschuldigd 21; gasten: 2.

AV 89 09.10.07 Turnhout – Corpus Christianorum Bibliotheek- en Kenniscentrum
Vergadering samen met de VTB. Voorstelling VRB (Etienne D'hondt) en VTB (Geert Harmanny). Presentatie Europese zusterverenigingen via BETH-website (E. D'hondt). Voorstelling en bezoek CCBK (Bart Janssens) en Brepols Publishers (Paul De Jongh). Demonstratie website Brepolis: encyclopedische en full-text online databanken. VRB: Aanwezig: 19; verontschuldigd: 18; gasten: 1; VTB: Aanwezig: 14; verontschuldigd: 1.

Die Arbeitsgemeinschaft Katholisch-Theologischer Bibliotheken (AKThB) Geschichte – Gegenwart – Zukunftsaufgaben

Heinz Finger

Etienne D'hondt und die Beziehungen zwischen VRB und AKThB

Seit anderthalb Jahrzehnten hat es wohl kaum eine Jahrestagung der *Arbeitsgemeinschaft Katholisch-Theologischer Bibliotheken*[1], kurz *AKThB*, gegeben, an der Etienne D'hondt nicht teilgenommen hat, formal als Gast, gleichzeitig aber als einer der im kirchlichen Bibliothekswesen erfahrensten und durch seine bibliothekarische Arbeit profiliertesten Delegierten. Obwohl ohne förmliches Stimmrecht, hat Etienne D'hondt die Entscheidungen auf vielen Jahrestagungen maßgeblich beeinflusst. Die Vertreter stimmberechtigter Bibliotheken waren eben klug genug, die bescheiden vorgetragenen, aber inhaltlich fundierten Vorschläge des erprobten Kollegen nicht in den Wind zu schlagen.

Flämische Kirchenbibliothekare werden sich vielleicht fragen, wieso der Vorsitzende ihrer *Vereniging van Religieus-wetenschappelijke Bibliothecarissen (VRB)* eine solche Bedeutung in und für die AKThB haben kann. Nun, dies liegt gewiss an Etienne D'hondts Persönlichkeit und seiner vollkommenen Beherrschung der deutschen Sprache, wobei eine leicht rheinische Färbung in der Wortwahl ihn noch ganz besonders wie einen "native speaker" erscheinen lässt. Es liegt aber auch an der *Arbeitsgemeinschaft Katholisch-Theologischer Bibliotheken*. Die AKThB ist nämlich in keiner Weise eigentlich national definiert. Sie ist ein katholischer Bibliotheksverband nicht nur für die Bundesrepublik Deutschland. Grundsätzlich ist sie auch für wissenschaftliche Kirchenbibliotheken Österreichs, der Schweiz und des italienischen Südtirol zuständig. Sie

1. In Bezug auf die Groß- und Kleinschreibung der durch Bindestrich miteinander verbundenen Adjektive hat es im Laufe der mehr als sechzigjährigen Geschichte der Arbeitsgemeinschaft alle drei orthographisch möglichen Varianten gegeben ("Katholisch-Theologischer", Katholisch-theologischer, katholisch-theologischer). In diesem Beitrag wird diejenige bevorzugt, die der fast nie abgeänderten Abkürzung "AKThB" entspricht. Bei Zitaten hat aber die genaue Übereinstimmung mit der Vorlage (auch in der beigegebenen Literaturliste) Vorrang.

bezieht sich nämlich laut Satzung ganz allgemein auf den deutschsprachigen Raum, aber auch dies nicht mit ängstlich gehüteter Exklusivität.

Sie hat in Übereinstimmung mit §3 dieser Satzung assoziierte Mitgliedsbibliotheken beispielsweise in Dänemark, Frankreich und Polen, aber auch in Chile und Kanada, wobei es sich keineswegs um von auslandsdeutschen bzw. deutschstämmigen Katholiken getragene Institutionen handelt. Diese "Außenposten" belegen die Offenheit der Arbeitsgemeinschaft, sind aber in keinem Fall Folge einer bewussten Expansion. Sie verdanken sich zumeist ganz konkreten übernationalen Beziehungen einzelner Mitgliedsbibliotheken, wie sie der weltweiten Katholizität der Kirche entsprechen. So beruht die assoziierte Mitgliedschaft der Bibliothek des Priesterseminars der Erzdiözese Santiago de Chile z.B. auf deren zeitweilig sehr intensiven Beziehungen zur Diözesan- und Dombibliothek in Köln. Mindestens genauso wichtig wie die Kontakte zu ausländischen Bibliotheken sind für die AKThB diejenigen zu auswärtigen Bibliotheks- bzw. Bibliothekarsverbänden.

Als offiziell "befreundete Organisationen" gelten insgesamt acht katholische und ökumenische bibliothekarische Verbände in sieben europäischen Ländern. Belgien ist dabei zweimal vertreten, nicht nur durch den genannten flämischen Bibliotheksverband, sondern auch durch die *Association des Bibliothèques de Théologie et d'Information Religieuse*. Dabei besteht für die AKThB zur niederländischsprachigen Vereinigung ein sehr viel engeres Verhältnis als zur frankophonen. Der Grund dafür dürfte zu einem ganz wesentlichen Teil in der Person des Vorsitzenden der zuerst genannten Vereinigung, in Etienne D'hondt und seinem Engagement liegen. Er hat aber auch eine Basis in den historischen Beziehungen, die zwischen Leuven und Köln, zwischen Brabant und dem Rheinland, bestehen. Letztere sind zwar in den letzten Jahrhunderten sehr viel schwächer gewesen, in den kirchlichen Bibliotheken sind aber naturgemäß auch alte Traditionen nicht verachtet, und im weltlichen Bereich legt die Einigung Europas nahe, alte Gemeinsamkeiten neu zu beleben[2].

So pflegt die VRB ganz besonders enge Beziehungen zur Landesgruppe Nordrhein-Westfalen der AKThB. Diesen Landesgruppen kommt

2. So sind bereits unter meinem Amtsvorgänger Dr. Juan Antonio Cervelló-Margalef unmittelbar bilaterale Beziehungen zwischen der Maurits Sabbebibliotheek der Theologischen Fakultät in Leuven und der Erzbischöflichen Diözesan- und Dombibliothek Köln aufgebaut worden, die seither weitergeführt und intensiviert wurden. Sie sind hier nicht das Thema, sollen aber wenigstens erwähnt werden, da auch sie ein großes Verdienst des scheidenden Direktors Etienne D'hondt sind.

im deutschsprachigen Verband in der Praxis eine große Bedeutung zu, obwohl sie in der Satzung gar nicht genannt sind. Auch die Landesgruppen halten jeweils eine Jahrestagung ab. Bei derjenigen der nordrhein-westfälischen Landesgruppe hat Etienne niemals gefehlt. Auch bei den Sitzungen der Landesgruppen im Rahmen der Jahrestagungen des Gesamtverbandes der AKThB war Etienne stets in dieser Landesgruppe zu finden. Das ist insofern ganz besonders bedeutsam, weil er dadurch automatisch auf die Teilnahme an der gleichzeitigen Sitzung der Fachgruppe der katholischen Hochschulbibliotheken verzichtete. So wichtig war seiner Bibliothek und ihm die Zusammenarbeit mit den Kirchenbibliotheken des nördlichen Rheinlandes und Westfalens. Auf seine Initiative hin nahm der Direktor der Akademischen Bibliothek der Erzdiözese Paderborn Dr. Hermann Josef Schmalor ebenso regelmäßig an den Versammlungen der VRB teil.

Gemeinsam ist beiden Bibliotheksverbänden, der VRB und der AKThB, dass sie nur Vereinigungen für das wissenschaftlich-theologische Bibliothekswesen sind, also keine Zuständigkeit für die dem allgemeinen Bildungsauftrag in der Kirche gewidmeten öffentlichen Büchereien haben, wie sie beispielsweise auf der Ebene der Pfarreien und Pfarrverbände, aber auch in kirchlichen Tagungshäusern existieren. Der große, in der Praxis vielleicht nicht immer hervortretende Unterschied ist, dass die VRB ein Verband von Bibliothekaren, die AKThB aber eine Vereinigung von Bibliotheken ist.

Die Gründung und die ersten Jahrzehnte der AKThB in ihrem bibliotheks- und kirchenhistorischen Kontext

Die offizielle Gründung der *Arbeitsgemeinschaft Katholisch-Theologischer Bibliotheken* fand am 12. August 1947 in der Philosophisch-theologischen Hochschule St. Georgen in Frankfurt am Main statt. Gründungsmitglieder waren die zwei auf der Gründungsversammlung personell vertretenen Ordensbibliotheken der Jesuiten in Büren und eben in Frankfurt/St. Georgen, die bischöflichen Seminarbibliotheken von Mainz, Speyer und Trier sowie die Akademische Bibliothek des Erzbistums Paderborn. Ebenso zu den Gründungsmitgliedern zu zählen sind die Bibliotheken, die zwar nicht auf der Gründungsversammlung durch entsandte Personen vertreten waren, aber zuvor ausdrücklich ihre Mitgründungsbereitschaft erklärt hatten. Es waren dies die Erzbischöfliche Diözesan- und Dombibliothek Köln (bzw. deren Sachwalter), die Seminarbibliothek des

Bistums Osnabrück, die Bibliothek der Benediktinerabtei Maria Laach und die Bibliothek des Berchmanns-Kollegs der Jesuiten in Pullach. Die Tatsache, dass vier der zehn Gründungsbibliotheken zur Gründungsversammlung keine Vertreter entsandt hatten, war Folge der schwierigen Lebensbedingungen und der desolaten Verkehrsverhältnisse im Deutschland der Nachkriegszeit.

Die Nachkriegssituation hat zunächst überhaupt den Charakter der Vereinigung als den einer Art von "Notgemeinschaft" bestimmt. Nach dem Zeugnis von Professor Klemens Honselmann, bei der Gründung Vertreter der Akademischen Bibliothek in Paderborn und später (1952-1963) stellvertretender Vorsitzender der Arbeitsgemeinschaft, haben alle Gründungsbibliotheken in den ersten Jahren großen Einsatz für die AKThB gezeigt mit Ausnahme der nach Bestand und Geschichte bedeutendsten dieser Bibliotheken, der Diözesan- und Dombibliothek Köln. Diese war nämlich, obwohl ihr kostbarer Altbestand gänzlich gerettet wurde, durch Kriegszerstörung auf längere Zeit, d.h. bis zur Errichtung ihres ersten Nachkriegsneubaus im Jahr 1958, kaum funktionsfähig. (Bis zu diesem Zeitpunkt konnte für Nutzer überhaupt nur die Einsicht in den einmaligen Bestand an mittelalterlichen Manuskripten ermöglicht werden, und auch dies nur in besonderen Fällen.) Erster Vorsitzender der Arbeitsgemeinschaft war der Jesuit P. Dr. Leo Ueding, und der Gesellschaft Jesu kam in den Gründungsjahren allergrößte Bedeutung für die Verbandsarbeit zu. In späteren Jahren wurden Mendikanten und andere Ordensgeistliche besonders wichtig für die Arbeit in der AKThB. Deren Einfluss blieb auch bestehen, nachdem Weltgeistliche und schließlich Laien die Richtung in der Arbeitsgemeinschaft in immer stärkerer Weise bestimmten.

Die schwierige Lage der Kirchenbibliotheken im deutschsprachigen Raum vor und um 1950 wird gelegentlich hauptsächlich mit den Kriegsschäden erklärt. Diese Deutung bedarf unbedingt der Ergänzung. Es gab große Schäden, die nicht durch die Bombenangriffe verursacht waren. Die Nationalsozialisten hatten zahlreiche Klöster – auch solche in abgelegener und daher bei Luftangriffen weniger gefährdeten Lage – aufgehoben und deren Bibliotheken beschlagnahmt und verschleppt. Nicht alles konnte zurückerlangt werden, da manches vernichtet oder verstreut war. Vor allem in der Zeit vor der Währungsreform im Juni 1948 war notwendiger- und gerechterweise für viele kirchliche Institutionen die Ernährung ihrer Mitglieder und die ihrer Schutzbefohlenen sehr viel wichtiger als die Wiederherstellung funktionsfähiger Bibliotheken. Es kam durchaus vor, dass Handschriften oder Inkunabeln verkauft wurden, um aus dem Erlös Nahrungsmittel für ein Waisenhaus zu erwerben. Unter diesen Umständen ist es mehr als bemerkenswert, dass Vertreter der katholischen Kirche in Deutschland sich schon im Herbst 1946, und zwar bereits mit ersten Absprachen zur Vorbereitung der Gründung von 1947, um den Neuaufbau ihrer Bibliotheken bemühten. Es spricht übrigens vieles dafür, dass es damals eigentlich weniger um die Kulturgutsicherung, sondern erst einmal um die Bibliotheken als notwendige Institutionen für die theologische Lehre und Forschung ging.

Entscheidend bei der Gründung der AKThB war die Tatsache, dass die Ordens- und Klosterbibliotheken und die Bibliotheken in diözesaner Trägerschaft in einer Organisation zusammenarbeiten wollten. Dies war weder für die exemten Orden und ihre Konvente noch für die Priesterseminar- und Diözesanbibliotheken selbstverständlich. 1937 bis 1941 hatte eine eigenständige *Buchhilfe Deutscher Ordensbibliotheken* (*BOB*) bestanden, bevor diese weniger wegen der Not des Krieges als wegen der Behinderung durch die Nationalsozialisten ihre Tätigkeit einstellen musste, und es wäre durchaus denkbar gewesen, diese nach dem Weltkrieg wiederzubeleben. Es sollte auch nicht verschwiegen werden, dass es später neben durchgehender und ganz hervorragender Zusammenarbeit zwischen Ordens- und Diözesanbibliotheken in seltenen Einzelfällen noch im 21. Jahrhundert Befürchtungen einzelner Klosterbibliotheken wie z.B. der der Abtei Maria Laach gab, von den Diözesanbibliotheken bei den Entscheidungsfindungen innerhalb der Verbandsarbeit dominiert zu werden.

Dies muss erwähnt werden, um zu erklären, dass der Zusammenschluss beider Kirchenbibliotheksarten in einer Vertretungsorganisation im deutschen Sprachraum ein gewiss guter und zukunftsweisender Entschluss war, aber dass um dessen rechte Verwirklichung gerungen werden musste. Es steht im übrigen ganz außer Zweifel, dass die Ordensbibliotheken das Verdienst haben, in den ersten zwei bis drei Jahrzehnten die Arbeit der AKThB weit mehr als die Bibliotheken der Bistümer bestimmt und geleitet haben. In den späteren Jahren war die Partnerschaft von Ordens- und Diözesanbibliotheken in der AKThB nicht mehr so eindeutig von ersteren dominiert. Da aber jede Mitgliedsbibliothek unabhängig von ihrer Größe in der Mitgliederversammlung eine Stimme hat, ist bei allen Abstimmungen die Stimmenmehrheit der Ordensbibliotheken auch für die Zukunft mehr als gesichert.

Fast genau dreizehn Monate nach der Gründung fand am 6. und 7. September 1948 die erste Jahresversammlung der AKThB statt. Dass sie am Ort der Gründungsversammlung in St. Georgen stattfand, hatte sicher mit der zentralen Lage Frankfurts zu tun, war aber auch ein Zeichen dafür, welche Rolle die Bibliothekare der Gesellschaft Jesu in der Gründungsphase der neuen Vereinigung spielten. Diese Jahrestagung wurde bereits von Vertretern aus 38 kirchlichen Bibliotheken besucht, darunter waren 28 von Ordensgemeinschaften getragene Bibliotheken und 10 Bibliotheken in diözesaner Trägerschaft. Besonders wichtige Neuzugänge in der Mitgliedschaft waren die Bibliotheken der Erzabtei Beuron, des Immaculata-Kollegs der Redemptoristen in Hennef-Geistingen und der Priesterseminare des Erzbistums Freiburg und des Bistums Fulda. Unmittelbar nach der ersten Jahrestagung taten dann weitere Bibliotheken bei. Die Jahresversammlungen der Jahre 1949 in Limburg an der Lahn und 1950 in Würzburg waren aber dennoch nicht sehr stark besucht, in Limburg erschienen nur Vertreter von 10, in Würzburg von 11 Bibliotheken. Es gab in Deutschland immer noch verkehrstechnische und nicht zuletzt finanzielle Reiseprobleme. In vielen Fällen mussten sich die Bibliothekare ihr Reisegeld von den Klöstern und Kirchenverwaltungen wörtlich erbetteln.

Größte Bedeutung kam der Jahresversammlung von 1952 in Hennef-Geistingen zu. Dort waren dann (auch Zeichen der verbesserten Wirtschaftslage wie der Reisemöglichkeiten) nicht weniger als 53 Bibliotheken vertreten, und dort wurden neue Leitsätze und eine Geschäftsordnung für die verschiedenen Arbeitsbereiche beschlossen. Sie wurden in einer im selben Jahr begründeten Vereinszeitschrift, dem "Mitteilungsblatt der Arbeitsgemeinschaft Katholisch-Theologischer Bibliotheken" veröffentlicht. Schriftleiter der neuen Zeitschrift wurde Professor Klemens Honselmann. Dieser war auch auf der Jahrestagung zum ersten überhaupt amtierenden Schatzmeister gewählt worden. Dessen Funktion war bisher vom Vorsitzenden übernommen worden. Als aber an die Stelle des Jesuiten Dr. Leo Ueding, der nicht mehr kandidierte, um sich ausschließlicher den Wissenschaften zu widmen, der Franziskaner Dr. Dionys Schötz trat, bat jener um die Entlastung vom für einen Minderbruder, wie er sagte, unpassenden Umgang mit Geld. Seit 1952 ging die erste Phase der Gründungszeit zu Ende. Die Grundlagen waren gelegt. Um diese Zeit endete auch die Phase der unmittelbaren materiellen Not, die in den Nachkriegsjahren geherrscht hatte. Nun traten Fragen der bibliothekarischen Aus- und Weiterbildung innerhalb der Arbeitsgemeinschaft mehr und mehr in den Vordergrund.

In der Gründungszeit und der frühen Geschichte des Verbandes wurden die Leistungen der in der AKThB zusammengeschlossenen kirchlich-wissenschaftlichen Bibliotheken von den staatlichen Bibliotheken und den für das Bibliothekswesen zuständigen staatlichen Behörden sehr hoch bewertet. Dafür gab es mehrere Gründe. Der wichtigste war wohl die in der damaligen Gesellschaft vorherrschende zumindest äußerliche Kirchenfreundlichkeit. Sie hatte ihre Wurzel hauptsächlich in dem gesamtgesellschaftlich vorhandenen Bestreben vieler Personen und Institutionen, sich deshalb besonders kirchenfreundlich zu zeigen, um sich nachträglich als nicht dem Nationalsozialismus nahestehend zu erweisen. Die (oft nur scheinbare) Kirchlichkeit galt in den 50er Jahren in weiten Kreisen als sozial höchst förderlich. Spätestens seit den 70er Jahren änderte sich dies allmählich gerade auch im staatlichen Bildungswesen. Es muss zum Verständnis der kulturpolitischen Situation zur Zeit der AKThB-Gründung beachtet werden, dass der Einfluss der Kirchen auf die Gesellschaft in Westdeutschland so groß war, wie er im 20. Jahrhundert noch nie gewesen war und nicht wieder wurde.

Ein zweiter Grund war ganz innerbibliothekarisch. Man brauchte sehr dringlich die wissenschaftlichen Kirchenbibliotheken als Teilnehmer am Leihverkehr. Besonders die katholischen Kirchenbibliotheken verfügten über ältere, seltene und wissenschaftsrelevante Literatur. Fast alle AKThB-Mitglieder haben sich schon recht früh dem Leihverkehr geöffnet. Dies wird als recht selbstverständlich hingenommen, obwohl viele katholische wie evangelische Kirchenbibliotheken ein Vielfaches von dem, was sie aus dem Leihverkehr erhalten, in den Leihverkehr geben. Sie erzielen dadurch allerdings heute auch Einnahmen, von denen freilich sicher ist, dass sie die Verwaltungskosten nicht decken.

Ein dritter Grund liegt wahrscheinlich im früheren Ansehen der Ordenshochschulen als den Trägern sehr bedeutender Kirchenbibliotheken. Ein Teil dieser Hochschulen wurde inzwischen wegen des mangelnden Ordensnachwuchses geschlossen. Damals waren diese aber wissenschaftliche Zentren von teilweise gesamtgesellschaftlicher Bedeutung auch über den innerkirchlichen Kreis hinaus.

Von höheren innerkirchlichen Instanzen, also von der sogenannten "Amtskirche" (gewiss eine theologisch nicht konkrete Bezeichnung) gab es zunächst keine eigentlich offiziellen Erklärungen zum neu entstandenen kirchlichen Bibliotheksverband. Dies war auch vernünftigerweise nicht zu erwarten. Gemäß gutkatholischer Tradition und in gewisser Weise entsprechend dem Subsidiaritätsprinzip ließ man die neue Organisation gewähren, betrachtete ihre Arbeit mit Wohlgefallen und hielt sich mit amtlichen Stellungnahmen zurück. Dies änderte sich erst in der Folge der Jahrestagung in St. Peter (Schwarzwald) im Jahre 1967. Auf dieser wurde anlässlich des zwanzigjährigen Bestehens der Arbeitsgemeinschaft intensiv über Zweck und Aufgaben des Verbandes diskutiert. Man suchte nach einer neuen Standortbestimmung und war in jeder Beziehung zukunftsorientiert. Besondere Ziele waren die Schaffung einer straffen Organisation und eine Verstärkung der Öffentlichkeitsarbeit. So wurde die Neufassung der Satzung vorbereitet, die dann zwei Jahre später 1969 auf der Jahresversammlung in Freising verabschiedet wurde. Inhaltlich brachte diese vor allem eine klarere Formulierung der alten Ziele, die nun mit verstärktem Selbstbewusstsein avisiert wurden. In diesem Kontext wurde auch die offizielle kirchliche Anerkennung der Arbeitsgemeinschaft förmlich angestrebt.

Etwas mehr als ein Jahr nach Verabschiedung der neuen Verfassung der AKThB erfolgte durch die Deutsche Bischofskonferenz die Anerkennung der Arbeitsgemeinschaft als der kompetenten Organisation in Fragen des wissenschaftlichen Bibliothekswesens in der katholischen Kirche. Der entsprechende Beschluss der Deutschen Bischofskonferenz auf der außerordentlichen Vollversammlung vom 16. bis 18. November 1970 in Königstein lautete wörtlich: *Die bisher als freiwillige Vereinigung von wissenschaftlichen Bibliotheken im Bereich der katholischen Kirche des deutschen Sprachraums bestehende "Arbeitsgemeinschaft kath.-theol. Bibliotheken" wird als die für den Bereich der Deutschen Bischofskonferenz zuständige Stelle für alle Fragen des wissenschaftlichen Bibliothekswesens anerkannt und entsprechend gefördert. Allen im Bereich der Deutschen Bischofskonferenz bestehenden kirchlichen wissenschaftlichen Bibliotheken wird dringend empfohlen, soweit es noch nicht geschehen ist, die Mitgliedschaft in der Arbeitsgemeinschaft kath.-theol. Bibliotheken zu erwerben und in ihr aktiv mitzuarbeiten.*

Die AKThB in der Phase der Konsolidierung und Ausweitung

Ein nur scheinbar beiläufiges, aber im Grunde sehr wichtiges Zeichen für das neue Selbstbewusstsein der AKThB war das Erscheinen des "Handbuchs der kirchlichen katholisch-theologischen Bibliotheken in der Bundesrepublik Deutschland und in Westberlin" 1972 im Selbstverlag der Arbeitsgemeinschaft. Bearbeiter war der spätere Vorsitzende Dr. Franz Rudolf Reichert (Seminarbibliothek Trier). Der Titel, der auch bei der 2. Aufl. 1979 (im bibliothekarischen Fachverlag Saur erschienen) beibehalten wurde, wirkt etwas befremdlich, da die Arbeitsgemeinschaft ja schon von ihrer Gründung her eben nicht der Bundesrepublik, sondern dem "deutschsprachigen Raum" zugeordnet war. Tatsächlich wurden auch nur deutsche Bibliotheken beschrieben, obwohl die außerdeutschen

Bibliotheken in der beigedruckten Sigelliste aufgeführt wurden. Erst die 3. Aufl. 1991, bearbeitet von Franz Wenhardt, hatte den der Satzung mehr entsprechenden Titel "Handbuch der katholisch-theologischen Bibliotheken" und führte die "ausländischen" Bibliotheken – ob assoziiert oder Vollmitglieder – mit vollständigen Angaben auf.

Betrug die Zahl der Mitgliedsbibliotheken 1972 im Jahr der ersten Handbuchauflage 92, so war sie 1979 bereits auf 112 angestiegen, um 1990 rund 130 zu betragen. Danach stieg die Mitgliederzahl eher langsam, aber stetig. 1981 wurde die Satzung wieder – nun eher ohne grundlegende Veränderungen – den Zeitläufen angepasst. 1983 veröffentlichte die Arbeitsgemeinschaft ihr "Memorandum über das wissenschaftliche Bibliothekswesen der Kirche". In den Jahren nach der großen Erweiterung der Mitgliederzahl wie des Aufgabenbereichs wurden auch Arbeitskommissionen gegründet: 1988 die EDV-Kommission, 1995 die Altbestandskommission und 1998 die Arbeitsgruppe Leihverkehr. Seit 1994 entstand aus einem Datenpool theologischer Bibliotheken der "Kirchliche Verbundkatalog" (KiVK), auf den die Arbeitsgemeinschaft mit Recht stolz sein konnte und der sich als Vorbereitung eines gegenwärtigen größeren Projektes (s.u.) erweisen sollte.

Ihr fünfzigjähriges Bestehen feierte die AKThB auf ihrer Jahrestagung vom 6. bis 12. September 1997 in Köln. Sie feierte dort am selben Ort fast gleichzeitig mit dem *Conseil international des Associations de Bibliothèques de Théologie*, der das vierzigste Anniversarium seiner Gründung beging. Da die AKThB schon seit 1961 aktives Mitglied des *Conseil* war, haben das doppelte Jubiläum und die teilweise gemeinsamen Veranstaltungen und Empfänge den AKThB-Mitgliedern geholfen, Probleme und Chancen theologischer Bibliotheken in einem weiteren Kontext als zuvor zu sehen und zu begreifen[3].

Typisch für die Ausbauphase der AKThB war der erst langsam abebbende Optimismus in der Zukunftsplanung, der eigentlich erst in der Gegenwart vorsichtigem Abwägen der Chancen und Möglichkeiten gewichen ist. So wurde die oben berichtete Gründung der EDV-Kommission 1988 auf einer Jahresversammlung in der Diözesan- und Dombibliothek

3. Bei den Beziehungen zwischen AKThB und *Conseil international des Associations de Bibliothèques de Théologie* ist wiederum notwendig auf die belgischen Bibliothekare hinzuweisen, da diese das Verdienst haben, die AKThB nicht nur formal mit dem *Conseil* bekannt, sondern die Delegierten der AKThB mit der Arbeit des *Conseil* vertraut gemacht zu haben. Dies gilt für André Geuns, der bei den Jubiläumstagungen 1997 Président des *Conseil* war, und das gilt für Etienne D'hondt, seinen und seiner Nachfolger Stellvertreter in diesem Verband.

Köln recht euphorisch als entscheidender Vorstoß in die Zukunft gesehen. Die eingesetzte Kommission hat ihre Arbeit wirklich sehr gut gemacht, aber insgesamt war es für die weitaus meisten Mitgliedsbibliotheken dann dennoch sehr schwer, mit der Entwicklung Schritt zu halten. Bald sah man sich ganz realistisch nicht mehr als Pionier, sondern hoffte, wenn auch nicht ohne Verzögerung, der Entwicklung in den großen staatlichen Bibliotheken folgen zu können. Viele Mitgliedsbibliotheken, deren Bedeutung insgesamt auf Grund ihres einmaligen historischen Bestandes außer Zweifel steht, haben sehr bald – und mit Recht – nur noch eine passive EDV-Politik betrieben. D.h., sie interessierten sich nicht für Neuheiten, sondern nur für das, was allgemeiner Standard und deshalb schon preisgünstig zu haben war. Absolut naheliegend für Kirchenbibliotheken erschien mit demselben Optimismus die besondere Pflege und Erschließung des Altbestandes. In weiten Teilen der AKThB wurde das Ziel bald viel bescheidener in der schlichten Erhaltung der Altbestände gesehen. Dies allerdings wurde erreicht, die konservatorischen Grundanforderungen konnten wohl praktisch überall, auch in den kleinsten wissenschaftlichen katholischen Kirchenbibliotheken, mit der Zeit erfüllt werden.

1978 erschien zum ersten Mal der Rundbrief der AKThB, und zwar als Ergänzung zum Mitteilungsblatt für aktuelle Informationen. In den ersten Jahren wurde er jährlich dreimal herausgebracht, später nur zweimal und gegenwärtig erscheint er nur noch einmal am Jahresende und ist praktisch zum Weihnachtsbrief geworden, ohne allerdings seinen sachlichen Informationsgehalt zu verlieren.

Eine sehr wichtige Richtungsweisung der Aufbruchstimmung wurde nicht schon nach wenigen Jahren von retardierenden Einflüssen gehemmt, die angestrebte Zusammenarbeit mit dem evangelischen Schwesterverband. Dass sie von Anfang an pragmatisch und absolut bibliothekarisch ausgerichtet war, in diesen Grenzen blieb und theologische Argumentation den Theologen überließ, hat sich bewährt. Natürlich waren die ersten Ansätze überkonfessioneller Zusammenarbeit schon lange vor dem Beginn der siebziger Jahre erfolgt. Spätestens 1960 – bei gründlichster Erforschung der Verbandsgeschichte würde man vielleicht ein noch früheres Datum finden – gab die AKThB eine solche Absichtserklärung korrespondierend mit der des evangelischen *Verbandes kirchlich-wissenschaftlicher Bibliotheken (VkwB)* ab. Eine engere Zusammenarbeit der befreundeten Organisationen mit übrigens sehr verschiedenen Strukturen (wobei die Unterschiede nicht inhaltlich konfessionell, sondern administrativ bedingt sind!) hat sich aber erst sehr viel später herausgebildet.

Ein wichtiger Markstein dieser Entwicklung war die effektive Vereinigung beider EDV-Kommissionen, nachdem auch der VkwB eine solche geschaffen hatte. Das entscheidende beiderseitige Votum für bibliothekarische Zusammenarbeit erfolgte dann im Jahr 2000. Seit diesem Jahr erscheint ein gemeinsames Jahrbuch beider Verbände. Es bekam den Titel: "Kirchliches Buch- und Bibliothekswesen. Jahrbuch [Jahreszahl]". Da es – rein bibliographisch betrachtet – das Mitteilungsblatt der AKThB fortsetzte, überwogen deren Mitglieder seither im Herausgebergremium. Die Redaktion wurde in die Verantwortung der Diözesanbibliothek der Diözese Rottenburg-Stuttgart gelegt, woran sich bis zur Gegenwart nichts geändert hat. Im selben Jahr 2000 fand auch eine erste gemeinsame Fortbildungstagung von VKwB und AKThB vom 4. bis 6. Juli in der Benediktinerinnenabtei Frauenwörth (Chiemsee) statt, die mit der Jahrestagung der AKThB verbunden wurde. Es wurde beschlossen, in Zukunft gemeinsame Fortbildungstagungen in möglichst regelmäßigen Abständen abzuhalten.

Verbandsstrukturen, Probleme und Projekte der Gegenwart

Gegenwärtig liegt die Zahl der in der Arbeitsgemeinschaft zusammengefassten Bibliotheken bei 160. Die bei der Gründung der AKThB grundsätzlich vorhandene Zweiteilung der Mitgliedsbibliotheken in die große Zahl der Ordensbibliotheken und die kleinere Zahl der von Bistümern finanzierten Bibliotheken hat, wie schon gesagt, niemals ihre Bedeutung verloren. Wohl aber zeigten sich mit steigender Mitgliedszahl weit stärker als im Anfang die starken inneren Differenzierungen in beiden Hauptgruppen. Gegenwärtig sind diese so groß, dass Interessengegensätze auch innerhalb der diözesanen und der kloster- bzw. ordenseigenen Bibliotheken durchaus erkennbar werden.

Heute gehören zur zahlenmäßig größeren ersten Gruppe folgende Bibliothekstypen: Abteibibliotheken mit teilweise großem Bestand und ehrwürdiger Tradition, Bibliotheken von Prioraten, Bibliotheken von Ordensprovinzen, Bibliotheken von Ordenshochschulen, Konventsbibliotheken und Bibliotheken von kleineren Ordenshäusern. Selbstverständlich entscheidet auch das Profil des jeweiligen Ordens über die innere Struktur seiner Bibliotheken. Mönche, Mendikanten, Regularkleriker und neuere Genossenschaften von Religiosen haben ein jeweils unterschiedliches Verhältnis zu ihren Buchbeständen und eine jeweils eigene Tradition der Bibliotheksverwaltung. Im deutschen Sprachraum zumindest, und damit innerhalb der AKThB, sind beide Unterscheidungskriterien bis heute wirksam.

In der zweiten Gruppe existieren Diözesan- und Seminarbibliotheken, die kaum als ausgeprägte verschiedene Bibliothekstypen gelten können, was auch darin zum Ausdruck kommt, dass beide Bezeichnungen in einem Bibliotheksnamen kombiniert sein können. Außerdem gibt es Ordinariatsbibliotheken, die nur teilweise sich bloß im Namen von Diözesanbibliotheken unterscheiden. Die Dombibliotheken sind teilweise noch im Eigentum, aber kaum in der Verwaltung der Domkapitel. Schließlich existieren auch Fach- und Spezialbibliotheken kirchlicher Institute, Verbände und Gesellschaften, die häufig zumindest indirekt von einer oder mehreren Diözesen finanziert werden. Eine Teilfinanzierung aus Kirchensteuermitteln und daher über die Bistümer gilt auch für die Bibliotheken kirchlicher, nicht ordenseigener Hochschulbibliotheken.

Unübersehbar ist bei den Mitgliedsbibliotheken der AKThB der ganz enorme Größenunterschied in der Bestandsgröße und sogar mehr noch in der Personalausstattung. Bei letzterer liegt die Obergrenze bei über 20 Planstellen der größten der Diözesanbibliotheken. Diese Zahl wird allerdings – ganz singulär – von der Bibliothek der Katholischen Universität Eichstätt um ein vielfaches übertroffen. (Dabei ist allerdings anzumerken, dass die Universitätsbibliothek nur aus formal rechtlichen Gründen als Ganze der AKThB angehört. Faktisch nimmt nur das dortige Fachreferat Theologie an der Arbeit der AKThB teil.) Eine Untergrenze der Personalausstattung der Mitglieder lässt sich kaum angeben. Es gibt sogenannte Ein-Mann-Bibliotheken, bei denen der Bibliothekar oder die Bibliothekarin nur wenige Stunden pro Woche für sein Nebenamt zur Verfügung steht.

Das größte Problem der Gegenwart, das die AKThB unmittelbar verbandsintern betrifft, liegt in einem zwar nicht quantitativen, aber gravierenden qualitativen Mitgliederschwund. Nicht die Zahl der Verbandsbibliotheken geht zurück, es gibt vielmehr weiterhin einzelne Neuaufnahmen, die rein numerisch die Verluste mehr als ausgleichen. Der Ausgleich geschieht nicht zuletzt nur zahlenmäßig, weil ein Teil der neuen Mitglieder nach der Aufnahme das Interesse an der Arbeitsgemeinschaft verliert. Der substantielle Verlust besteht darin, dass Bibliotheken von großem Eigengewicht und von größtem bisherigen Verdienst für die Arbeit in der AKThB nicht etwa ausgetreten sind, sondern überhaupt nicht mehr existieren. Ein sehr markantes Beispiel dafür stellt die Bibliothek der Philosophisch-Theologischen Hochschule der

Redemptoristen in Hennef-Geistingen dar. Sie war von Papst Benedikt XVI. in seiner als Kardinal verfassten Autobiographie ("Aus meinem Leben. Erinnerungen", 1998) als "sehr schöne und gepflegte Bibliothek" bezeichnet worden. In der AKThB hat sie als Gastgeberin der wegweisenden Jahrestagung von 1952 (s.o.) und durch das Vereinsengagement ihrer Bibliothekare eine wichtige Rolle gespielt. Sie ist im 21. Jahrhundert untergegangen, ohne – da alle Bestände verkauft wurden – auch nur erkennbare Spuren zu hinterlassen. Ähnliches gilt von der mindestens ebenso bedeutenden "Bibliothek Wissenschaft und Weisheit" der Franziskaner in Mönchengladbach, von dessen Beständen aber ein kleiner Teil vom Erzbistum Köln gerettet wurde. Dies ist nicht zuletzt auch der Initiative ihres Bibliothekars P. Dr. Herbert Schneider zu verdanken, der zusammen mit der Kölner Diözesanbibliothek einen Weg fand, die wissenschaftlichen Werke zur Scholastikforschung für den Gebrauch von Theologen und Philosophen zu erhalten, und zwar als neue "Johannes-Duns-Scotus Bibliothek" angeschlossen an das Albertus-Magnus-Institut in Bonn. Der langjährige Leiter der ehemaligen Bibliothek in Mönchengladbach Pater Otho Gymnich hat ebenso lange höchst aktiv an der Arbeit der AKThB teilgenommen.

Die beiden durch institutionelle Auflösung ausgeschiedenen Ordensbibliotheken wurden nur als besonders markante Beispiele genannt. Die Reihe dieser Kirchenbibliotheken ist größer. Ebenfalls für die AKThB wenig verheißungsvoll ist die Tatsache, dass wichtige Mitgliedsbibliotheken der AKThB schwere Substanzverluste in Bezug auf ihre Funktionen und Bestände erlitten haben. Betrifft die Auflösung vorwiegend Ordensbibliotheken, so ist die existentielle Minderung besonders bei von den Diözesen getragenen Bibliotheken festzustellen. Die Diözesanbibliothek des Bistums Essen ist durch radikale Einsparungen und eine im Stellenwert verminderte Einordnung innerhalb der Bistumsverwaltung so stark betroffen worden, dass sie mit Sicherheit nicht mehr als theologisch-wissenschaftliche Bibliothek bezeichnet werden kann.

Die Aachener Diözesanbibliothek, bis vor wenigen Jahren, so noch als sie 2004 Gastgeber für die Jahrestagung der AKThB war, äußerst bedeutend, ist personal, räumlich und funktional von so großen Einsparungen betroffen worden, dass sie im Rang der deutschsprachigen Kirchenbibliotheken aus der Spitzengruppe bis in den Kreis der wissenschaftlich kaum noch zu beachtenden Institutionen abgefallen ist. Sie hat keinen wissenschaftlichen Bibliothekar mehr, zuvor waren dort zeitweilig neben dem Direktor zwei weitere Kollegen des höheren Dienstes festangestellt. Besonders schmerzlich für die Arbeit der AKThB war das Ausscheiden des Bibliotheksdirektors Domvikar Hermann-Josef Reudenbach nach dem "Schrumpfungsprozess" in der Aachener Diözesanbibliothek aus dem kirchlichen Bibliotheksdienst. Direktor Reudenbach hatte sowohl durch seine bibliothekswissenschaftlichen und kirchenhistorischen Veröffentlichungen wie auch durch sein aktives Wirken als Beiratsmitglied in der Leitung der AKThB viel zum Ansehen der Vereinigung beigetragen.

Die Entwicklung in den Diözesen Aachen und Essen sind natürlich nur Beispiele. Insgesamt stellt sich die Problematik der Einsparungen im Bibliothekswesen der Diözesen für die AKThB recht schwierig und differenziert dar. Schließlich kann die grundsätzliche Notwendigkeit von Einsparungen in den Bistumshaushalten niemand bestreiten. Die Frage, über die man diskutieren könnte, ist lediglich die, welchen Stellenwert wissenschaftliche Bibliotheken für die einzelnen Ortkirchen haben. Es wäre töricht, nicht die Priorität von Seelsorge und Caritas uneingeschränkt anzuerkennen. Die AKThB-Leitung ist allerdings in ihrem Verständnis für Kürzungen in den Etats der diözesanen Bibliotheken sehr weit gegangen. 2007 erklärte deren Vorsitzender in einem Brief an die einzelnen Generalvikare der deutschen Bistümer, die Bereitschaft Einsparungen mitzutragen in überaus eindeutiger Weise. Im März 2007 schrieb Jochen Bepler, Vorsitzender der AKThB von 1997 bis heute, den Generalvikaren der deutschen Bistümer: *Der von der Deutschen Bischofskonferenz und der Deutschen Ordensoberenkonferenz als zuständige Stelle anerkannte Bibliothekenverband, die Arbeitsgemeinschaft Katholisch-Theologischer Bibliotheken (AKThB), bietet Ihnen und Ihrem zuständigen Bibliothekar bzw. Ihrer Bibliothekarin seine Unterstützung an, wenn Sie in Ihrem Bistum über Veränderungen der Konzeption oder Einsparungen im Bereich Ihrer kirchlichen Bibliothek nachdenken.*

Ein weiteres Problem beschäftigt die AKThB auch sehr, aber sicher in geringerem Maße. Es ist überdies nicht die Folge spezieller Entwicklungen im kirchlichen Bibliothekswesen, sondern im Bibliothekswesen allgemein. Die neuen Medien haben wie überall auch in ihrem Bereich die Aufgaben der Bibliotheken seit langem schon verändert, nun aber ist die Situation so, dass man die Anpassung an die neue Lage nicht mehr aufschieben kann. Bei diesen Anpassungen müssen hochverdiente, sehr spezialisierte und oft ältere nicht mehr besonders flexible Mitarbeiterinnen und Mitarbeiter notgedrungen von einem überflüssig gewordenen Arbeitsplatz auf einen neu benötigten versetzt werden. Da die Kirchenbibliotheken fast immer durch ein gutes Betriebsklima, langfristige Dienstverhältnisse und wenig Personalfluktuation ausgezeichnet waren und sind, tritt diese Notwendigkeit mit ihren persönlichen Härten bei ihnen gegenwärtig überdurchschnittlich oft ein.

Das bedeutendste gegenwärtige Projekt der AKThB ist der *Virtuelle Katalog Theologie und Kirche (VThK)*, dessen Erstellung als Aufgabe für viele Jahre 2002 auf der Jahrestagung in Wiesbaden-Naurod beschlossen wurde. Dieser Jahrestagung, die vom 15. bis 19. Juli stattfand, kommt überhaupt für die positiven Entwicklungen der Gegenwart höchste Bedeutung zu. Sie stand unter dem Thema "Kirchlich und wissenschaftlich – Ziel und Dienst der Bibliotheken". Von besonderer Bedeutung waren die zu dieser Thematik gehaltenen Vorträge des Magdeburger Weihbischofs Prof. Dr. Gerhard Feige und des Kölner Generalvikars Dr. Norbert Feldhoff. Konstitutive Grundlage für die Positionsbestimmung der Arbeitsgemeinschaft war nicht zuletzt das keineswegs mehr neue Rundschreiben der Päpstlichen Kommission für die Kulturgüter der Kirche vom 19. März 1994 "Le Biblioteche ecclesiastiche nella missione della Chiesa", in deutscher Übersetzung "Kirchliche Bibliotheken in der Sendung der Kirche". Auf dieser Jahrestagung waren 76 Mitgliedsbibliotheken vertreten.

Gewiss hat dieses Treffen sehr zur sogenannten "Selbstfindung" für viele Teilnehmer beigetragen. Äußerlich erkennbare konkrete Folge war aber nur der Beginn des VThK-Projektes, für das die große Mehrheit der Delegierten ihre Zustimmung gab, nachdem zuvor das "Für und Wider" sehr ausgiebig und kontrovers diskutiert worden war. Die meisten Bedenken wurden von einigen der bedeutenderen Abteibibliotheken geäußert, da diese nicht ohne Grund fürchteten, mit Ausleihwünschen in für sie unvertretbar großem Umfang konfrontiert zu werden.

Grundlage des Projekts, das sinnvoll nur mit der dann erfolgten Teilnahme des evangelischen Schwesterverbandes angegangen werden konnte, war folgende Überlegung: Die wissenschaftlichen Bibliotheken in Trägerschaft der katholischen und evangelischen Kirche besitzen rund 20 Millionen Bücher und haben für ihre Benutzerinnen und Benutzer rund 50.000 Zeitschriftenexemplare laufend abonniert. Zum großen Umfang dieser Bestände tritt deren Vielschichtigkeit hinzu. Bereits der 1998 abgeschlossene Vorgängerkatalog, der oben genannte *Kirchliche Verbund-Katalog (KiVK)*, umfasste in seiner letzten Ausgabe 1,25 Millionen Datensätze bei einer Beteiligung von 71 Bibliotheken. Eigentlich war er recht erfolgreich, aber es gelang nicht, eine weitere Ausgabe zu erstellen, obwohl diese mehrmals zwischen 1999 und 2001 angekündigt worden war. Hauptgrund für das endliche Scheitern war wohl, dass der KiVK auf Allegro basierte. Alle Datensätze wurden auf ein einheitliches Format überführt. Im VThK ist dies anders. Der Begriff "virtueller" Katalog besagt, dass ein echter Gemeinschaftskatalog (mit standardisierten, einheitlichen Datensätzen in einer gemeinsamen Datenbank) nicht gegeben ist. Nur durch die Suche werden Daten als Ergebnismengen aus verschiedenen Katalogen vorübergehend zusammengeführt.

Was die Software für die Suchmaschine betrifft, so fiel nach intensiven Recherchen die Wahl auf die Technologie des "Karlsruher Virtuellen Katalogs (KVK)". Die Federführung des Projektes (Koordination und Projektmanagement) übernahm auf Bitten des zuständigen Bereiches "Glaube und Bildung" des Sekretariats der Deutschen Bischofskonferenz die Erzbischöfliche Diözesan- und Dombibliothek Köln, die bei der inhaltlichen und konzeptionellen Realisierung eng mit den Mitgliedern der Gemeinsamen EDV-Kommission der AKThB und ihres evangelischen Schwesternverbandes zusammenarbeitet. Die praktische Projektleitung hat der Direktor der Kölner Diözesanbibliothek ganz seinem Stellvertreter Prof. Dr. Siegfried Schmidt übertragen.

Ende 2008 waren 50 kirchlich-wissenschaftliche Bibliotheken und Bibliotheksverbünde unmittelbar in den VThK eingebunden (Ende 2006: 43 Kataloge). Durch den Beitritt zweier Bibliotheken bzw. Verbünde aus Südtirol und einer Bibliothek aus Österreich sind nunmehr auch deutschsprachige Bestände aus anderen Ländern suchbar. Aufgrund einer größeren Spende von ca. 50.000 €, die die Betreiber des VThK über den Verband der Diözesen Deutschlands dank der Unterstützung der Abteilung "Glaube und Bildung" des Sekretariates der Deutschen Bischofskonferenz im April 2007 erhalten haben, sowie der Sockelfinanzierung von € 5.000,- pro Jahr durch die Arbeitsgemeinschaft der Archive und Bibliotheken in der Evangelischen Kirche ist die Fortführung des VThK derzeit mindestens bis Ende 2010 gesichert.

Aufgaben für die Zukunft

Es sind im wesentlichen zwei Hauptaufgaben, die die AKThB nach dem heutigen Stand der Erkenntnis wahrscheinlich in Zukunft zu lösen hat. Das alles beherrschende Problem ist die Bewahrung von gefährdeten kirchlichen Bibliotheksbeständen, überhaupt die wichtigste Zukunftsaufgabe. An zweiter Stelle ist es unbedingt notwendig, das Verhältnis und die Zusammenarbeit mit den kirchlichen Archiven in beiderseitiger Abstimmung aktuell zu definieren. Natürlich gibt es daneben weitere Zukunftsaufgaben, die gewiss auch nicht ohne Bedeutung sind. Eine der wichtigeren davon bezieht sich auf die Bewertung der in Deutschland gegenwärtig veränderten bibliothekarischen Ausbildung für die Bibliotheken der Arbeitsgemeinschaft. Welche konkreten Qualifikationen sind speziell bei Kirchenbibliothekarinnen und Kirchenbibliothekaren in Zukunft für welche Aufgaben erwünscht oder notwendig? Da sich in einer säkularisierten Gesellschaft zwangsläufig auch die Bibliothekarsausbildung immer mehr von der früher fast zur Allgemeinbildung gehörenden Vermittlung der Kenntnis speziell kirchlicher Buchgenera entfernt, stehen einige theologische Bibliotheken vor dem Problem, dass Berufsanfänger oft hilflos vor älteren Werken beispielsweise aus dem Bereich der Liturgie und der kanonistischen Literatur stehen.

In Zukunft wird mit größter Wahrscheinlichkeit die längst aktuelle Gefährdung kirchlicher Buchbestände dramatisch zunehmen. Es scheint kaum übertrieben, wenn man einen "Ausverkauf" kostbaren Bibliotheksgutes befürchten muss. Dies hängt natürlich zunächst mit dem personellen Rückgang in den Orden und dem durch sinkende Kirchensteuereinnahmen bedingten Sparzwang in den Diözesen zusammen, hat aber auch mit dem gesamtgesellschaftlich zu beobachtenden Schwinden der historischen Interessen zu tun. Die Folgen des von der katholischen Kirche in Deutschland schon lange beklagten Rückgangs der Ordensberufungen für die kirchlichen Bibliotheken können schwerlich überschätzt werden. Zwar entstehen auch neue religiöse Gemeinschaften mit erstaunlicher Dynamik, aber diese werden begreiflicherweise kaum auf die Idee kommen, sich mit den Altbeständen untergehender Konvente der alten Orden zu belasten. Außerdem sehen die alten Orden selbst, die ja nicht alle gleichermaßen unter Nachwuchssorgen leiden, in der Bucherhaltung völlig zu Recht nicht eine ihrer dringlichsten Aufgaben. Es wäre sogar unkirchlich und überdies absurd, dies von ihnen zu erwarten. Schließlich muss andererseits akzeptiert werden, dass aussterbende Klöster sich mehr um ihre alten Konventualinnen und Konventualen als um ihre Bücher sorgen. Weitgehend ohne Probleme erscheint die Situation in den wenigen wirklich großen und meist alten Abteibibliotheken vor allem des Benediktiner- und Zisterzienserordens.

Bei den Mendikantenorden, vor allem den Dominikanern und Franziskanern, bemüht man sich auf der Ebene der Provinzen, die Altbestandserhaltung organisatorisch in den Griff zu bekommen. Dabei geht man in engem Kontakt und enger Zusammenarbeit entweder mit der AKThB oder einzelnen prominenten Mitgliedsbibliotheken vor. Die ohne jede Übertreibung über einen großartigen Altbestand verfügende Dominikanerbibliothek von [Bornheim-]Walberberg bei Bonn konnte von einer benachbarten Diözesanbibliothek übernommen werden, wobei die Eigentums- und besonderen Nutzungsrechte des Ordens gewahrt blieben. Analoge Lösungen werden von anderen Diözesanbibliotheken für bedrohte historische Ordensbibliotheken in ihrem Einzugsbereich angestrebt. Insgesamt ist die Situation in den verschiedenen Ordensbibliotheken sehr differenziert zu sehen. Es gibt sicher keine allgemeinen Lösungen, aber fast überall ähnliche Probleme, bei deren Lösungsversuchen die Hilfsmöglichkeiten der AKThB oft sehr schnell an ihre Grenzen kommen.

Ganz gewiss hat die AKThB die zukünftig steigende Gefährdung des kirchlichen Kulturgutes in den Bibliotheken rechtzeitig erfasst. Sie hat geradezu vorbildhaft schnell die Situation erfasst, was aber wegen ihrer – wie gesagt – letztlich beschränkten Möglichkeiten noch nicht bedeutet, dass sie sie auch meistert. Einen recht großen und zielsicher angestrebten ersten Erfolg hat sie dadurch erreicht, dass es ihr gelang, die Deutsche Bischofskonferenz zu einer offiziellen Erklärung zu veranlassen. Unter der Leitung der Diözesanbibliothek Würzburg erarbeitete der zu einer Kommission erweiterte Beirat der AKThB während des Jahres 2008 sehr konkrete Vorschläge für eine solche offizielle kirchliche Stellungnahme. Diese Vorschläge wurden von der Deutschen Bischofskonferenz auf ihrer Frühjahrsversammlung vom 2. bis 5. März 2009 in vollem Umfang angenommen und in ihre Erklärung vom 30. Juni 2009 aufgenommen. In diesem als "*Leitlinien zur Bewahrung von gefährdeten kirchlichen Bibliotheksbeständen*" bezeichneten Text werden nicht nur allgemeine Regeln propagiert, sondern auch Richtlinien für die genaue Vorgehensweise bei einer eventuell unvermeidbaren Auflösung von Bibliotheksbeständen gegeben. Insbesondere wird die Rolle der Diözesanbibliotheken hervorgehoben: *Bei den Bemühungen um eine Bewahrung gefährdeter kirchlicher Bibliotheksbestände kommt der jeweiligen Diözesanbibliothek bzw. einer anderen vom Ortsbischof mit dieser Aufgabe betrauten kirchlichen Bibliothek eine bedeutende Rolle zu. Die Diözesanbibliotheken sind wissenschaftliche Einrichtungen.* [...] *In bibliothekarischen Fragen beraten sie außerdem die diözesanen Dienststellen und die sonstigen kirchlichen Einrichtungen im Diözesangebiet.* [...] *Für Bibliotheken, die der Aufsicht des Ortsbischofs unterstehen, ist die jeweilige Diözesanbibliothek zuständig. Bei allen anderen Bibliotheken, die Diözesen zur Übernahme angeboten werden, soll sich die Zuständigkeit grundsätzlich nach dem Belegenheitsprinzip richten.*

Sehr bemerkenswert ist, dass die AKThB in diesem Dokument der Bischofskonferenz auch Zuständigkeit für Nicht-Mitgliedsbibliotheken im kirchlichen Bereich zugesprochen wird: *Alle Bibliotheken in kirchlicher*

Trägerschaft sind gebeten, dem Vorstand der AKThB Veränderungen bei großen oder bedeutenden Buchbeständen mitzuteilen. Die AKThB dokumentiert diese Veränderungen in ihrem Jahrbuch und informiert über Schwerpunktbibliotheken.

Die zweite große Zukunftsaufgabe der Arbeitsgemeinschaft, die Bestimmung des Verhältnisses von Bibliothek und Archiv, verlangt neben Einsatz auch Augenmaß und Urteilskraft. Bibliothekare und Archivare haben immer und überall – ganz besonders aber innerhalb der katholischen Kirche – eng miteinander zusammengearbeitet. In den Orden und Klöstern waren überdies die Ämter von Bibliothekar und Archivar häufig in Personalunion vereinigt, in kleineren Ordenshäusern auch die Institutionen miteinander verschmolzen. All das war gut und richtig und soll auch für die Zukunft gelten. Eine neue und nicht selbstverständliche Lage tritt in diesem Bereich bewährter Kooperation aber ein, wenn traditionsreiche und gut ausgebaute Diözesanbibliotheken und Diözesanarchive fusioniert werden. Es ist dabei im Grunde unerheblich, wie vollkommen diese Fusion in formaler Hinsicht ist. Der Effekt ist auch dann ein praktisch vollkommener, wenn alle oder die wichtigsten Personalstellen gleichzeitig für Bibliothek und Archiv ausgewiesen sind.

Eine solche Vereinigung fasst nicht Aufgaben zusammen, die nichts miteinander zu tun haben, aber sie läuft – ob zum Guten oder Schlimmen, sei zunächst dahingestellt – der sonst im wissenschaftlichen Bereich heute immer mehr vorangetriebenen Spezialisierung entgegen. Ihre Ursache liegt nicht in wissenschaftstheoretischen oder rein administrativen Überlegungen, sondern im heiß ersehnten Spareffekt. Die Arbeitsgemeinschaft wird sehr sorgfältig überlegen müssen, wie sie zu dieser Entwicklung stehen soll, die im Erzbistum München-Freising und im Bistum Würzburg bereits in Rekordzeit bejaht und abgeschlossen wurde. Die AKThB hat das Dilemma, dass weder eine positive noch eine negative Haltung zu dieser Organisationstendenz problemlos ist. Im Falle der Ablehnung läuft sie Gefahr, Archiv und Bibliothek vielleicht argumentativ mehr zu trennen, als inhaltlich gerechtfertigt ist, und sich notwendigen Sparmaßnahmen zu verschließen. Im Falle einer Zustimmung könnte fatalerweise die neue Organisationseinheit nur soviel Gewicht innerhalb der Diözesanverwaltungen haben, die vorher jedem ihrer beiden Teile zukam. Diese Gefahr ist deshalb so groß, weil ja ökonomische Erwägungen am Anfang der Entwicklung stehen. Dann würde effektiv die Bedeutung von Archiv und Bibliothek für jede der beiden Einrichtungen um je die Hälfte gemindert.

Selbstverständlich wird die Arbeitsgemeinschaft noch viele weitere Aufgaben zu bewältigen haben, darunter auch solche, die sich schnell und dringlich stellen können, obwohl sie heute nicht einmal erahnt werden. Es gibt aber keinen Grund, an der Zukunft zu verzweifeln, auch wenn die AKThB mit eher schwierigen Zeiten rechnen muss. Die gesamtgesellschaftliche Lage, die Situation in der Kirche in einer immer mehr rein säkularen Gesellschaft und die Veränderungen im Wissenschaftsbetrieb, bei dem nun die Förderung der wirtschaftlichen Nutzen verheißenden sogenannten angewandten Wissenschaften im Vordergrund steht, sind ihr nicht besonders günstig. Positiv erscheint heute der äußere Zustand und die innere Stärke der Arbeitsgemeinschaft. Bei ihrer – dem Dreijahresturnus entsprechend mit dem evangelischen Schwesterverband gemeinsamen – Jahrestagung vom 13. bis 17. Juli 2009 in Würzburg waren rund 80 kirchliche Bibliotheken aus vier Ländern vertreten, darunter auch die Maurits Sabbebibliotheek mit ihrem Direktor Etienne D'hondt. Inhaltlich standen vor allem die Zukunftsfragen im Vordergrund.

Quellen und Literatur (in Auswahl)

a) Von der AKThB hrsg. Periodika

Mitteilungsblatt der Arbeitsgemeinschaft Katholisch-Theologischer Bibliotheken. Paderborn 1 (1952/53)-10 (1963); Köln 11 (1964)-22/23 (1975/76); Münster 24/27 (1977/80)-30 (1983); Trier 31 (1984)-46 (1999).

Kirchliches Buch- und Bibliothekswesen. *Jahrbuch*. Trier 1 (2000)-2 (2001); Stuttgart 3 (2002)ff.

Rundbrief ([1983,3 bis 1995,1:] des Vorsitzenden) der Arbeitsgemeinschaft Katholisch-Theologischer Bibliotheken. Trier 1978-1983,2; Münster 1983,3-1987,1; Paderborn 1987,2/3-1995,1; Hamburg 1996; Hildesheim 1997 ff.

b) Quellen

Außer den hier genannten Quellen wurden für den Beitrag auch entlegenere Publikationen und die AKThB betreffende Abschnitte in den Akten der Erzbischöflichen Diözesan- und Dombibliothek Köln benutzt.

Leitsätze der Arbeitsgemeinschaft katholisch-theologischer Bibliotheken. In: Mitteilungsblatt der AKThB 1 (1952/53) 42-46.

Handbuch der kirchlichen katholisch-theologischen Bibliotheken in der Bundesrepublik Deutschland und in West-Berlin. Im Auftrag d. Arbeitsgemeinschaft kath.-theol. Bibliotheken erarb. u. hrsg. von Franz Rudolf Reichert. Trier 1972.

Handbuch der kirchlichen katholisch-theologischen Bibliotheken in der Bundesrepublik Deutschland und in West-Berlin. 2., neu bearb. u. wesentl. erw. Aufl., erarb. u. hrsg. von Franz Rudolf Reichert. Mit einem Beitr. über katholische öffentliche Büchereien von Erich Hodick. München [u.a.], 1979 (Veröffentlichungen der Arbeitsgemeinschaft Katholisch-Theologischer Bibliotheken; 3). – [Erg.-Heft:] "Neue Daten".

Handbuch der kirchlichen katholisch-theologischen Bibliotheken in der Bundesrepublik Deutschland und in West-Berlin. 3., völlig neu bearb. Ausg. von Franz Wenhard. München [u.a.] 1991.

Satzung der Arbeitsgemeinschaft Katholisch-Theologischer Bibliotheken in der Fassung vom 23. Juli 1981. Empfehlungen für den von Mitgliedsbibliotheken der AKThB abgewickelten innerkirchlichen Leihverkehr. Sonderdruck aus: Mitteilungsblatt der AKThB 29 (1982), S. 55-84.

Memorandum der Arbeitsgemeinschaft Katholisch-Theologischer Bibliotheken über das wissenschaftliche Bibliothekswesen der Kirche. [Verfasser: Franz Rudolf Reichert]. Trier 1983.

c) *Literatur*

Werner *Adrian*: Arbeitsgemeinschaft katholisch-theologischer Bibliotheken (AKThB), in: Lexikon des gesamten Buchwesens. 2., völlig neu bearb. und erweiterte Aufl., Stuttgart, Bd. 1 (1987), S. 124.

Jochen *Bepler*: Die kirchliche Bibliothek als Alternative. In: Kirchliche Bibliotheken in der Sendung der Kirche. Dokumentation der Fachtagung der Arbeitsgemeinschaft Katholisch-Theologischer Bibliotheken am 17. Juli 2002 in Wiesbaden-Naurod. Bonn 2003, S. 73-48.

Gisela von *Busse*: Kirchliche Bibliotheken, in: Gisela von *Busse*: Struktur und Organisation des wissenschaftlichen Bibliothekswesens in der Bundesrepublik Deutschland. Entwicklungen 1945 bis 1975. Wiesbaden 1977, S. 165-182.

Gerhard *Feige*: Aufgaben und Chancen theologischer Bibliotheken in kirchlicher Trägerschaft, in: Kirchliche Bibliotheken in der Sendung der Kirche. Dokumentation der Fachtagung der Arbeitsgemeinschaft Katholisch-Theologischer Bibliotheken am 17. Juli 2002 in Wiesbaden-Naurod. Bonn 2003, S. 31-48.

Norbert *Feldhoff*: Erwartungen an ein wissenschaftliches Bibliothekswesen der katholischen Kirche aus diözesaner Perspektive, in: ebenda, S. 49-63.

Klemens *Honselmann*: Die Arbeitsgemeinschaft Katholisch-Theologischer Bibliotheken, in: Mitteilungsblatt des Verbandes der Bibliotheken des Landes Nordrhein-Westfalen, N.F. 1 (1951), S. 17-19.

[Klemens *Honselmann*:] Ziele und Aufgaben der Arbeitsgemeinschaft. Zur Geschichte unserer Arbeitsgemeinschaft, in: Mitteilungsblatt der AKThB

1 (1952/53), S. 3-17. Leitsätze der Arbeitsgemeinschaft Katholisch-Theologischer Bibliotheken, in: Mitteilungsblatt der AKThB 1 (1952/53), S. 42-46.

Klemens *Honselmann*: 25 Jahre Arbeitsgemeinschaft Katholisch-Theologischer Bibliotheken, in: Mitteilungsblatt der AKThB 20 (1973), S. 107-131.

Klaus Walter *Littger*: Handschriften in kirchlichen Bibliotheken, in: Kirchliches Buch- und Bibliothekswesen. Jahrbuch 2005/06, S. 11-21.

Franz Rudolf *Reichert*: 20 Jahre Arbeitsgemeinschaft Katholisch-Theologischer Bibliotheken im Spiegel ihres Mitteilungsblattes – Bilanz und Prognose, in: Mitteilungsblatt der AKThB 15 (1967/68), S. 67-98.

Franz Rudolf *Reichert*: Kooperation im kirchlichen Bibliothekswesen Deutschlands. Die Arbeitsgemeinschaft Katholisch-Theologischer Bibliotheken, in: Bibliotheksarbeit heute. Beitr. zur Theorie u. Praxis. Festschrift für Werner Krieg zum 65. Geburtstag am 13. Juni 1973. Hrsg. von Gerhart Lohse u. Günther Pflug. Frankfurt am Main 1973 (Zeitschrift für Bibliothekswesen und Bibliographie, Sonderheft 16), S. 176-184.

Franz Rudolf *Reichert*: Literaturversorgung in den Geisteswissenschaften durch kirchliche Bibliotheken, in: Literaturversorgung in den Geisteswissenschaften. 75. Deutscher Bibliothekartag in Trier 1985. Hrsg. von Rudolf Frankenberger u. Alexandra Habermann. Frankfurt am Main 1986 (Zeitschrift für Bibliothekswesen und Bibliographie; So.-Heft 43), S. 194-205.

Hermann-Josef *Schmalor*: Weiterentwicklung in Kontinuität. Kath.-theol. Bibliotheken am Beginn der neunziger Jahre, in: Mitteilungsblatt der AKThB 36 (1989), S. 59-70.

Hermann-Josef *Schmalor*: Klemens Honselmann und die Anfänge der Arbeitsgemeinschaft Katholisch-Theologischer Bibliotheken, in: Theologie und Glaube 80 (1990), S. 391-402.

Hermann-Josef *Schmalor*: Die Arbeitsgemeinschaft Katholisch-Theologischer Bibliotheken (AKThB), in: Conseil International des Associations de Bibliothèques de Théologie 1961-1990. Leuven 1990 (Instrumenta theologica 6), S. 7-21.

Hermann-Josef *Schmalor*: Die Arbeitsgemeinschaft Katholisch-Theologischer Bibliotheken. Geschichte – Strukturen – Aufgaben. Ein Überblick. 2., überarb. Aufl. Paderborn 1992.

Hermann-Josef *Schmalor*: Die Arbeitsgemeinschaft Katholisch-Theologischer Bibliotheken (AKThB), in: Kirchliche Bibliotheken in der Sendung der Kirche. Dokumentation der Fachtagung der Arbeitsgemeinschaft Katholisch-Theologischer Bibliotheken am 17. Juli 2002 in Wiesbaden-Naurod. Bonn 2003, S. 93-103.

Bonifaz *Schmalzl*: Katholisch-theologische Bibliotheken in Bayern und die Arbeitsgemeinschaft Katholisch-Theologischer Bibliotheken (AKThB), in: Bibliotheksforum Bayern 18 (1990), S. 125-140.

Wilhelm *Schönartz*: Notwendigkeit und Aufgaben eines eigenen kirchlichen Bibliothekswesens, in: Mitteilungsblatt der AKThB 17 (1970), S. 71-119.

Wilhelm *Schönartz*: Das Bibliothekswesen der katholischen Kirche in der Bundesrepublik Deutschland. Eine Bestandsaufnahme, in: Mitteilungsblatt der AKThB 18 (1971), S. 35-84, 173-174 [Korrekturen].

Wilhelm *Schönartz*: Der Zeitschriften-Zentralkatalog der Arbeitsgemeinschaft Katholisch-Theologischer Bibliotheken und seine Vorgeschichte, in: Bibliotheksarbeit heute. Beitr. zur Theorie u. Praxis. Festschrift für Werner Krieg zum 65. Geburtstag am 13. Juni 1973. Hrsg. von Gerhart Lohse u. Günther Pflug. Frankfurt am Main 1973 (Zeitschrift für Bibliothekswesen und Bibliographie, Sonderheft 16), S. 167-175.

Rita *Warmbold*: Der innerkirchliche Leihverkehr – Beobachtungen und Tendenzen, in: Mitteilungsblatt der AKThB 41 (1994), S. 95-97.

Franz *Wenhardt*: Die Neubearbeitung des AKThB-Handbuchs, in: Mitteilungsblatt der AKThB 38 (1991), S. 49-76.

Heribald *Wenke*: L'Arbeitsgemeinschaft Katholisch-Theologischer Bibliotheken (AKThB), in: Conseil International des Associations de Bibliothèques de Théologie 1961-1981. Köln 1982, S. 9-21.

International Librarianship

Penelope R. Hall

In recent years the world has grown considerably smaller, not in actual geographic size, of course, but in the time it takes for communication to travel around the globe. We are very much aware of the events on the other side of the planet within minutes of their occurrence. No longer is it possible to isolate oneself completely in one's own country, let alone one's own city or even one's own library; we are all continually linked together, whether we wish to be so joined or not. This situation of living in a global village, as it were, has forced us to be cognisant of what is happening around us and to be involved in matters beyond our own working environment. Such globalisation lends itself to international cooperation and collaboration in many areas of academic research and in libraries in particular.

I. European International Cooperation

1. A Brief Historical Overview

After the Second World War the need for international cooperation, not only in the political arena, but also in all areas of education and life, became very apparent, particularly in the difficult context of post-war Europe. In response to this need to bring the countries of the world together, many subsidiary departments under the United Nations were established, and under the auspices of UNESCO, one of these subsidiary organisations, the International Association of Theological Libraries was formed in 1954. The principal aim of this association was to promote the dissemination of information about theological libraries on an international scale and to foment cooperation among the various theological academic institutions, seminaries and ecclesiastical bodies that housed the great theological libraries of Europe.

Unfortunately, this initial association was rather short-lived. It served, however, to point to the need for such an international body that would facilitate cooperation among the theological libraries of Europe and that would improve the professional quality of theological librarianship in general. Furthermore, in the political climate of post-war Europe the move towards cooperation and, even more, a sharing of things in common which was leading up to the formation of the European Union, carried over into the libraries of the European nations. This naturally had an effect on the theological libraries, libraries that boasted such a rich heritage, both in the quantity of their collections and in the superb quality of the volumes found within their walls.

After a few years, during which the various national associations of theological libraries had been more firmly established, another attempt at forming an international association was launched. In 1957, on the occasion of the celebration of the tenth anniversary of the founding of the German Association of Catholic Theological Libraries (AKThB), the German Association took the initiative to invite participants from France, The Netherlands and Great Britain to their meeting in Frankfurt, thus bringing about an international gathering of theological librarians. This informal and friendly meeting sowed the seeds of the idea that such an international body could exist in which delegates from the various European theological libraries could come together periodically to discuss matters in common to them all and to promote actions and projects for their mutual benefit. The German Association pursued the idea and finally organised the Project for International Collaboration among Theological Libraries in September of 1960. As a result of this initiative, in 1961 representatives from the theological library associations of Germany, France and the Netherlands came together to form the Comité international de coordination des associations de bibliothèques de théologie catholique. The librarians who gathered on this occasion agreed that they had much to do to bring their libraries, both ecclesiastical libraries and those whose collections were more focused on the studies of theology and religious science, up to a standard of excellence that would be of benefit to the Church and to students and researchers. They recognised also that there was much to be done to improve the competence and the professional training of the librarians charged with caring for these valuable collections. It was apparent that the situation in the ecclesiastical and theological libraries was inferior to that evidenced in the public and other private libraries in Europe. It is informative to cite directly the observations made by the librarians who came together for this early meeting in 1961.

The Associations of AKThB (Germany), VSKB (The Netherlands), ABSR (France)
- note that the majority of the ecclesiastical libraries of religious sciences in the countries represented (and in other countries) are far from fully capable of responding to the function that they ought to fulfill in the Church, not only in that which concerns the extent and the composition of their content, their catalogues, the material installations, the financial resources, and the possibilities for the use of these, but also, in a great number of instances, in respect to the competence, the professional training and the experience of the librarians;
- regret that, in their group, the ecclesiastical libraries, among their various aspects, find themselves in a position of grave inferiority when one compares them to other libraries, both private and public, with respect to the secular sciences;
- consider that the problems and the difficulties that the religious science libraries confront in different countries are just about the same overall, and that, consequently, the study of these problems and the struggle against these difficulties from a base of international cooperation ought to be considered as a possibility, and at the same time very useful and effective;
- are convinced that, in a general way, taking on the interests of libraries gathered into each association will prove to be more effective when tackled by a mutually cooperative organisation;
- desire, moreover, to enhance their perspectives to be of service, as much as possible, through the mutual cooperation mentioned here below to the ecclesiastical and religious science libraries in other countries;
- agree and decide:
  1) to change the occasions for contact, which up to the present have been only occasional, to a regular cooperation, and to equip this cooperation, at some opportune time, with an organised form to be established later;
  2) to bring, as objectives of this collaboration, improvement of a general nature to the libraries grouped together in their associations, as well as, to the measure possible, to some of the ecclesiastic religious science libraries in other countries, above all those that are situated in distant underdeveloped countries that find themselves quite isolated, provided that these libraries express a desire for improvement;
  3) to hold, in view of the collaboration so desired, at least once per year, a meeting in which two delegates from each association would participate, ... for discussion of the problems that will have come to the attention of the executive committees of the various associations[1].

Although this early international association was very limited in means, thanks to the vigour, enthusiasm and perseverance of several of its

1. A loose translation of the notes from the minutes of the meeting in 1961 as cited in Godelieve Ginneberge (ed.), *Conseil international des associations de bibliothèques de théologie. Internationaler Rat der Vereinigungen theologischer Bibliotheken. International Council of Theological Library Associations 1961-1996*, Documenta Libraria, 17 (Leuven: Bibliotheek van de Faculteit Godgeleerdheid van de K.U.Leuven, 1996) 1-2.

members, this association survived. Father Dr. J. D. Bakker, Director of the Bestelcentrale VSKB, assumed the responsibility of the secretariat of this newly formed organisation and proceeded to arrange the annual meetings, moving between The Netherlands, Germany and France in turn from year to year. These early meetings were presided over by a delegate from the host country, seeing they had yet to form an elected governing executive committee. They began by enumerating the services that were already present in their libraries, then moving on to developing other areas where improvement was needed and finally to the challenges of sharing their resources in international collaborative efforts. In 1967 the newly formed Vereniging van Religieus-wetenschappelijke Bibliothecarissen, the Flemish association of theological libraries, joined this international body.

It soon became evident that it would be profitable to cooperate not only across the international boundaries, but also across denominational lines to encourage ecumenical cooperation. The fact that Catholics, Orthodox and Protestant traditions all share common roots, made it eminently sensible to join together to facilitate research in the science of theology. Thus, in 1970 the Comité international de coordination des associations de bibliothèques de théologie catholique broadened the scope of its purview, which led to the formation of the Conseil international des associations de bibliothèques de théologie. The new association was ecumenical in character and created a forum for collaboration among the various Catholic and Protestant national theological library associations, including the Association of British Theological and Philosophical Libraries, whose membership extended not only to both Catholic and Protestant libraries, but also to Orthodox, Jewish, Marxist, other philosophical libraries, and eventually to Islamic libraries, along with those of other religious traditions.

In 1971, the statutes of the Conseil international des associations de bibliothèques de théologie (The International Council of Theological Library Associations, or Internationaler Rat der Vereinigungen theologischer Bibliotheken) were registered in Nijmegen, The Netherlands. The vision of this Council was to pursue projects that would be of mutual benefit to the libraries and to promote excellence within the profession of librarianship. The Conseil international des associations de bibliothèques de théologie held annual meetings, and while the early annual meetings had been held frequently in Frankfurt, eventually this new entity soon came to convene the annual assemblies in France every second year in conjunction with the annual meeting of the

French association and alternate years in the various other member countries.

Among the member associations of the Council, several of the larger theological libraries began developing various tools, instruments and bibliographies that were useful in meeting their specific requirements and under the umbrella of the Council, these were then shared with the libraries in the other member associations. Perhaps most notable were the *Instrumenta Theologica* that were published by the Bibliotheek van de Faculteit Godgeleerdheid of the Catholic University of Leuven. In addition to several very useful bibliographies, the Leuven Faculty of Theology published lists of dissertations, various gathered listings of the documents from Vatican II, and a *Clavis Foliorum Periodicorum Theologicorum Benelux.*

Another shared benefit within the Council was the arrangement that the member associations regularly exchanged their bulletins for the mutual benefit of all.

In the early nineties, the Council began a very ambitious project of developing a multilingual thesaurus, which was known as the *ETHERELI* project. This thesaurus project was led by Brother Ferdinand Poswick, of the Centre Informatique et Bible in Maredsous. After submitting a number of proposals, backed by supporting papers from each of our member associations, the Council was successful in obtaining funds from the European Union for a pilot project. Several people were very active in getting this project underway and within three years the pilot project was completed. However, when we submitted the reports to the relevant bodies that governed the projects under the European Union scheme, and applied for continuing support, no further funds were forthcoming and the Council was obliged to ultimately abandon this project. Although the Council was never able to develop a multilingual thesaurus, this project did serve to bring the member associations closer together into a more cohesive collaborative body.

By the mid nineties, the Council began to develop a closer relationship with the American Theological Library Association. ATLA had developed many excellent tools for theological libraries, including a database of theological periodical literature, which was already in use in the theological libraries of Europe. The Council began sending a representative to attend the Annual Conference of ATLA and invited the Americans to attend the Council's annual Assemblies. This face-to-face interaction proved most beneficial in bringing the Council and ATLA into a closer collaborative relationship.

In 1999, in recognition of the distinctly European composition of this association, the membership voted to change the name to Bibliothèques européennes de théologie (European Theological Libraries or Europäische Bibliotheken für Theologie), a name which lends itself to the convenient acronym of BETH. At the same time the association recognised that it would be more equitable among the members to cease to hold the meetings in France every second year and to move to a policy of convening the Annual Assembly in a different country every year, following the invitations of the member associations.

2. *The Current Situation*

Today the membership of BETH comprises twelve national theological library associations, fourteen individual theological libraries with collections that are recognised as extraordinary in their scope and that serve an international readership, plus a number of personal members who have been associated for a long time with the work of international librarianship in Europe.

Over the past decade the Annual General Assembly of BETH has been held in Belgium, England, the Czech Republic, France, Germany, Hungary, Italy, Poland, and Spain, sometimes returning to a different area within the same member country. This action of moving the Assembly from place to place has permitted the delegates to become more familiar with the various different methods of operation used among our members, to experience the riches of the collections housed in a number of our member libraries, to see more of the ambience within which our colleagues labour, and to appreciate the diversity present among our members and the common bonds that link us together.

In September 2008 the Assembly met in Leuven at the invitation of the Maurits Sabbe Library of the Faculty of Theology in the Catholic University of Leuven. This library has been an ardent supporter of the activities of the European theological library association ever since the Flemish association of theological libraries became a member of the Council and has developed numerous tools that have been most useful in running and managing the theological collections and in giving guidance to students and researchers. The librarian of the Maurits Sabbe Library, Etienne D'hondt, has served as Vice-President of BETH for almost twenty years, providing wise leadership to the association during several periods of change and development. His experience in running the day-to-day matters in such a prestigious major theological library has been invaluable in directing the interests of the association as a whole and specifically in the expansion of our activities into new areas of endeavour, reaching out to the libraries in Eastern Europe and strengthening our ties with the various European publishers of theological works. The continuity and foresight that has come to the association through his active support has brought us to the expanded and healthy position of stability we are experiencing at the beginning of the twenty-first century.

A number of challenges still lie before us. Although we have contacts in Scandinavia through Norway, now a member association, and the Sankt Andreas Library in Copenhagen, Denmark, we still have no representation from Sweden, Finland or Iceland. In the same way, there are countries in Eastern Europe where we would like to encourage the formation of national associations for theological libraries, and to bring these into membership in BETH. On occasions there has been some contact with individual libraries in these countries, but as yet there is much work to be done to support and encourage a broader collaboration in this vast area.

The purposes of BETH remain true to the original vision for the association:

- To promote cooperation among the theological and ecclesiastical libraries in Europe, including the national, public and university libraries that house large collections in theology, philosophy and religious studies;
- To stimulate the development of theological libraries through shared knowledge and experience, and through the training of theological librarians;
- To serve the interests of European theological and ecclesiastical libraries in the scientific and academic sphere;
- To preserve the rich religious and cultural patrimony found in the theological and ecclesiastical libraries of Europe; and
- To encourage broad intercontinental collaboration, both to support development of theological libraries in developing nations and to share resources among the various established libraries of the world.

II. Intercontinental Cooperation

As early as 1971, the International Council of Theological Library Associations in Europe had contact with the wider world, and was a member of IFLA (The International Federation of Library Associations) from 1971 until 1986. By 1986, it seemed that there was little to benefit the theological libraries within the broader association of IFLA and our membership was dropped. This did not mean, however, that the Council ceased to have any involvement with other libraries beyond Europe.

As mentioned above, in the last couple of decades, BETH has gradually moved into a closer, more collaborative relationship with ATLA. Towards the end of the twentieth century, a formal agreement was reached in which ATLA agreed to share a portion of the royalties from the sale of their products to the European theological libraries with BETH and with the various national associations to which the subscribing libraries belong. Through this generous apportionment of these royalty funds, BETH has been able to increase the available operational funds, as well as to partially fund a functioning secretariat and revamp our website.

BETH has also been able to lend support to the fledgling Association in India. While considerable help given to the Indian Theological Library Association came from the British Association, BETH's secretary was present to advise this new association when they drew up their statutes and held their first ecumenical conference in Bangalore. It was very rewarding to see the enthusiasm and expertise of the Indian colleagues. With the organisation of the Indian Association BETH has gained a valuable colleague in southern Asia.

Similarly, ForATL, the Forum of Asian Theological Libraries, has developed a collaborative relationship with BETH. The President of the ForATL visited the BETH Assembly, the last time we met in Spain, bringing much information about the progress of the Asian theological libraries. In 2009 ForATL held a major conference in Singapore to which they invited representatives from the theological library associations on the other continents. This gathering proved to be most helpful in bringing about a better understanding among the colleague associations, as well as an opportunity to share problems and innovations devised for solving these difficulties. It was instructive to note that regardless of the location of the libraries, be it Europe, America or Asia, the experiences and the problems seemed to have a definite commonality.

Thus far, aside from the visit of a representative of the Latin American Theological Library Association to our recent meeting in Rome, there has been very little contact with the Red Latinoamericana de Información Teológica, the theological library association of Latin America. Nevertheless, BETH has established links to their website and on occasion has had some profitable conversations with representatives from the RedLIT at the ATLA Conferences.

III. The Internet

While our theological libraries are still the keepers of valuable collections of printed matter – textbooks, monographs, periodicals, etcetera – and other kinds of written works and manuscripts, by the end of the twentieth century we have witnessed a shift in the information sciences with the advent of information technology. With the facility that the internet brings to libraries, maintaining international connections and collaborative efforts is now more possible than ever. In addition, the increasing number of theological texts and periodicals that are available digitally in full text versions lends a definite advantage to researchers. Some dated and more obscure literature has been available to researchers on microfilm or microfiche, but these mediums are much more difficult and cumbersome to use than a computer, as well as being confined to a particular location. In contrast, it matters not where the digital texts originate when they are uploaded to a website, because they are then accessible to any library in the world, although sometimes these are not available in open access but only through a subscription.

As a corollary to this development, a number of aggregate internet providers have sprung up, providing access to databases indexing periodical literature, some digitalized full text periodicals, plus other digitalized materials useful in the libraries. These providers also facilitate research in that most of their materials are searchable by using keywords and other reference tools. The American Theological Library Association works closely with some of these aggregate providers, bringing the tools that they develop to a wider audience.

While many texts, images and tools for libraries are available on the internet through a subscription basis, it remains a concern for the European association that more would be available in open access. Many small libraries operate on very limited budgets and this is true throughout Europe as well as in the developing nations. BETH will strive to encourage providers to do everything possible to make their products accessible to the widest audience possible.

IV. Support for Libraries in the Developing Nations

During the last decade of the twentieth century most of the efforts of the European Association to help the development of libraries that were struggling to establish themselves was directed toward institutions in

Eastern Europe. Very soon after the fall of the communist regime, the libraries in Poland managed to find their place and re-establish viable, functioning libraries. The Polish librarians banded together to form a national association, and joined their European colleagues as members of the Council. As a result their European colleagues were ready to share their experience and to support their continuing development. Similarly the theological libraries in Hungary became active in the European association. BETH stands ready to lend help where possible to our colleagues throughout Eastern Europe as they continue to develop their libraries and their theological institutions.

At the beginning of 2001, a librarian working in the Czech Republic began organising seminars for theological librarians working in Eastern Europe. These seminars covered topics ranging from the very basic skills required to run a library successfully to the more complicated issues involved in digitalizing printed texts and other graphic materials. A number of librarians from the BETH membership assisted in these seminars, lecturing and sharing their advice in both formal and informal settings. Most of these librarians from Eastern Europe are working in rather isolated conditions with limited financial resources; thus meeting in these seminars has proved to be both encouraging and practically beneficial to them and the libraries where they serve. BETH will continue to work with these librarians, participating in future seminars and in general, lending whatever support possible within our humble means.

Another avenue of assistance has come recently from the British Association with the publishing of *Guidelines for Theological Libraries*. This text serves as a basic manual of operation for any theological library and has, therefore, proved useful to the Theological Book Network, who is using this manual to help the various libraries in the developing nations where they are supplying books. This manual is also available on the internet through the ABTAPL website, www.abtapl.org.uk.

While the British Association has for some time welcomed members from outside of Great Britain, particularly those theological libraries that find themselves in rather isolated situations where there is no national association to which they can belong, it is now becoming evident that BETH may be ready to follow a similar line. Some libraries in the Middle East and in Northern Africa have expressed an interest in associating with the European Association. During the coming years, it will be interesting to see how far our association will reach beyond the borders of Europe, for although the association's membership has been drawn from the European countries, the possibility of intercontinental collaboration has been inherent in the association from the beginning.

When the Indian Theological Library Association was ready to take the formal steps of adopting a constitution and becoming legally registered in India, BETH was on hand to give advice and lend assistance in the wording of the required texts and documents. It is truly a privilege to see the enthusiasm and creativity of our colleagues in South Asia.

In 2009, BETH was represented at the meeting in Singapore of ForATL, the Asian Forum for Theological Libraries. This has cemented the ties with our sister organisation in South East Asia and expanded our horizons in reaching out to help the development of theological libraries in that region. In particular, the secretary of BETH is presently involved in helping with the reestablishment of a theological library in Viet Nam and encouraging ecumenical cooperation in that country.

V. The Future

Where the future will take us, we cannot see. We know, however, that BETH will continue to develop and expand our membership, our aid to libraries and our use of modern technology in the service of the theological libraries of Europe and the world. The association exists to serve the education and enrichment of not only the Church, but also society as a whole. I believe we have much to offer to all as we encourage harmonious cooperation among the various Christian denominations and as we enter into profitable dialogue and cooperation with other religions and traditions. We shall strive for peace and understanding, working as a team of colleagues for the betterment of our profession and the edification of all who come into our libraries.

Appendix

The following is a listing of the national theological library associations that form the core of the Association of European Theological Libraries.

ABCF	L'Association des Bibliothèques Chrétiennes de France (France)
ABEI	Associazione dei Bibliotecari Ecclesiastici Italiani (Italy)
ABIE	Asociación de Bibliotecarios de la Iglesia en España (Spain)

ABTAPL	Association of British Theological and Philosophical Libraries (United Kingdom and Ireland)
AKThB	Arbeitsgemeinschaft Katholisch-Theologischer Bibliotheken (Germany)
EKE	Egyházy Könyvtárak Egyesülése (Hungary)
FIDES	Federation of the Polish Ecclesiastical Libraries (Poland)
FTRB	Forum for teologiske og religionsfaglige bibliotek (Norway)
URBE	Unione Romana Biblioteche Ecclesiastiche (Rome, Italy)
VkwB	Verband kirchlich-wissenschaftlicher Bibliotheken in der Arbeitsgemeinschaft der Archive und Bibliotheken in der evangelischen Kirche (AABevK) (Germany)
VRB	Vereniging van Religieus-Wetenschappelijke Bibliothecarissen (Flemish-speaking part of Belgium)
VTB	Vereniging voor het Theologisch Bibliothecariaat (The Netherlands)

Documenta Libraria

1. J. ROEGIERS, *Tentoonstelling "Jansenius en het Jansenisme in de Nederlanden". Bibliotheek Faculteit der Godgeleerdheid, Leuven, 4 april – 6 mei 1979. Catalogus.* 1979, 27 p.
2. [Frans NEIRYNCK, Luc DEQUEKER, Jan ROEGIERS, Edmond VAN EIJL], *Bijbel te Leuven. Faculteit der Godgeleerdheid 1432-1982. Tentoonstelling ter gelegenheid van de 37th General Meeting van de Society for New Testament Studies 23-28 augustus 1982.* 1982, 9-19 p.
3. [Émile JACQUES], *Antoine Arnauld 1612-1694 en de uitgave van zijn* Oeuvres *1775-1783. Tentoonstelling in de Bibliotheek van de Faculteit der Godgeleerdheid, 11 januari tot 1 maart 1984.* 1984, 84 p.
4. A. BEDDELEEM & M. LAMBERIGTS, *Tentoonstelling Jansenius en zijn tijd. Bibliotheek Faculteit der Godgeleerdheid, Leuven, 28 oktober – 28 november 1985. Catalogus.* 1985, 16 p.
5. Donald Dean SMEETON, *The Bible Translator William Tyndale and the University of Louvain. Library of the Theological Faculty Louvain, January 19, 1987 – February 14, 1987. Exhibition and Catalog. — De bijbelvertaler William Tyndale en de Universiteit van Leuven. Bibliotheek Faculteit der Godgeleerdheid Leuven, 19 januari 1987 –14 februari 1987. Tentoonstelling en katalogus.* 1987, 24 + 24 p.
6. [Luc DEQUEKER & Leo KENIS], *Maimonides 1135-1204. Catalogus van de tentoonstelling in de Bibliotheek Godgeleerdheid van de K.U. Leuven, 17 februari – 13 maart 1987. — Maimonides 1135-1204. Catalogue of the Exhibition in the Theology Library of he K.U. Leuven, 17 February – 13 March 1987.* 1987, 42 + 42 p.
7. *Duizend jaar christendom in Rusland 988-1988. Catalogus van de expositie in de bibliotheek van de Faculteit der Godgeleerdheid, 19 april 1988 – 29 april 1988.* 1988, 14-15* p.
8. A. VAN ROEY, *Les études syriaques de 1538 à 1658. Bibliotheek van de Faculteit der Godgeleerdheid van de K.U. Leuven 16/8/1988 – 2/9/1988. Tentoonstelling ter gelegenheid van het Colloquium Biblicum Lovaniense XXXVIII en het Symposium Syriacum V. Catalogus.* 1988, 34 p.
9. Luc DEQUEKER & Frans GISTELINCK, *Biblia Vulgata Lovaniensis, 1547-1574. Bibliotheek van de Faculteit der Godgeleerdheid, Tentoonstelling ter gelegenheid van / Theology Faculty Library, Exhibition on the Occasion of the XIII Congress of The International Organisation for the Study of the Old Testament, August 25 – Sept. 8, 1989.* 1989, 32 p.

10. M. SABBE (ed.), *De Minderbroeders en de Oude Leuvense Universiteit. Bibliotheek van de Faculteit der Godgeleerdheid. Tentoonstelling 20 oktober – 18 november 1989*. 1989, 71 p.
11. M. SABBE, M. LAMBERIGTS, F. GISTELINCK (ed.), *Bernardus en de Cisterciënzerfamilie in België 1090-1990. K.U. Leuven, Bibliotheek van de Faculteit der Godgeleerdheid. Tentoonstelling 26 oktober – 8 december 1990*. 1990, XIV-614 p.
12. M. SABBE & F. GISTELINCK (ed.), *Kronkronbali. Figuratieve terracotta uit West-Afrika, met cadensen van José Vermeersch. K.U. Leuven, Bibliotheek van de Faculteit der Godgeleerdheid. Tentoonstelling 25 oktober – 14 december 1991*. 1991, XV-191 p.
13. M. LAMBERIGTS, L. GEVERS, B. PATTYN (ed.), *Hoger Instituut voor Godsdienstwetenschappen, Faculteit der Godgeleerdheid, K.U. Leuven, 1942-1992. Rondom catechese en godsdienstonderricht*. 1992, XII-305 p.
14. Guido HENDRIX, *Handschriftenbezit en boekengebruik Trappisten van Westmalle 1794-1994* (Bibliotheca auctorum, traductorum et scriptorum Ordinis Cisterciensis, 3). 1994, XXII-303 p.
15. Frans GISTELINCK & Maurits SABBE (ed.), *Early Sixteenth Century Printed Books 1501-1540 in the Library of the Leuven Faculty of Theology*. 1994, XXII-567 p.
16. Guido HENDRIX, *Hugo de Sancto Caro's traktaat De doctrina cordis.* [Deel I.] *Handschriften, receptie, tekstgeschiedenis en authenticiteitskritiek*. 1995, XXXV-529 p.; [Deel II.] *Pragmatische editie van De bouc van der leeringhe van der herten naar handschrift Wenen, ÖNB, 15231, autograaf van de Middelnederlandse vertaler*. 1995, XXI-262 p.; Deel III. *Pragmatische editie van Dat boec van der bereydinge des harten naar handschrift Den Haag, Koninklijke Bibliotheek, 135 F 6*. 2000, XI-175 p.; Deel IV. *De sermoenen in handschrift Parijs, Bibliothèque Nationale, 16483. Editie*. 2000, XXV-334 p.
17. Guido HENDRIX, *Ontmoetingen met Lutgart van Tongeren, benedictines en cisterciënzerin (1182-1246-1996)* (Bibliotheca auctorum, traductorum et scriptorum Ordinis Cisterciensis, 4). Deel 1: *Iconografie van Portugal tot Polen*. 1996, LV-266 p.; Deel 2: *Van Belgische Sainte-Lutgarde naar Vlaamse Sint-Lutgart*. 1999, XLI p. + p. 267-484; Deel 3: *Thomas van Cantimprés Vita Lutgardis. Nederlandse vertaling van de tweede versie naar handschrift Brussel, Koninklijke Bibliotheek Albert I, 8609-8620*.1997, XXI-73 p.; Deel 4: *Omtrent het Kopenhaagse Leven van Lutgart, de oudste vertaling van Thomas van Cantimprés Vita Lutgardis*. 1997, XLI-172 p.; Deel 5: *Verschijningen uit het hiernamaals in de Vita Lutgardis*. 1998, XXI-103 p.; Deel 6: *Jeugd en benedictijnse periode van Lutgart, Vlaamse heilige die de Franse taal niet wilde kennen*. 1999, XX-54 p.; Deel 7: *Vlaamse Lutgartkunst na de Tweede Wereldoorlog*. 1999, XX-73 p.
18. Frans GISTELINCK (ed.), *Bibliotheca Mariana Lovaniensis. La Bibliothèque Mariale de Banneux-Notre-Dame, une collection montfortaine dans la Bibliothèque de la Faculté de Théologie de la K.U. Leuven*. 1997, L-291 p.

19. M. SABBE, M. LAMBERIGTS, F. GISTELINCK *et al.* (ed.), *Crux interpretum. Luc Hoenraet & Documenta Libraria. Tentoonstelling 18 november – 21 december 1997.* 1997, 71 p.
20. Luc KNAPEN (ed.), *La bibliothèque de l'abbaye de Saint-Hubert en Ardenne au dix-septième siècle.* Deuxième partie: *Édition du Catalogus Librorum Monasterij S. Huberti in Ardenna, an° Domini 1665 Conscriptus.* 1999, XLII-635 p.
21. Guido HENDRIX (ed.), *Roger De Ganck o.c.s.o. (°1908-), historicus van Cîteaux in de Zuidelijke Nederlanden, gebundeld* (Bibliotheca auctorum, traductorum et scriptorum Ordinis Cisterciensis, 7). 1999, XLIV-372 p.
22. Guido HENDRIX, *Trefwoorden uit de geschiedenis van Cîteaux. Bestuursstructuren – Monialen – Gastvrijheid – Veertiende eeuw – Lekenbroeders* (Bibliotheca auctorum, traductorum et scriptorum Ordinis Cisterciensis, 8). 1999, LXXVIII-349 p.
23. Guido HENDRIX, *Geschreven en gedrukte woorden uit de cisterciënzerabdij Boudelo te Klein-Sinaai en Gent.* Deel 1: *Tekst.* Deel 2: *Illustraties* (Bibliotheca auctorum, traductorum et scriptorum Ordinis Cisterciensis, 9). 1999, XI-238 p. + 67 ill.
24. Guido HENDRIX, *Beatrijs van Tienen, zalige cisterciënzerin van Nazareth (1200-1268-2000). Aanzet tot haar Europese iconografie* (Bibliotheca auctorum, traductorum et scriptorum Ordinis Cisterciensis, 10). 2000, XV-95 p.
25. Guido HENDRIX (ed.), *In memoriam Dom Eugène Manning (1931-1995)* (Bibliotheca auctorum, traductorum et scriptorum Ordinis Cisterciensis, 11). 2000, [XVIII]-196 p.
26. Guido HENDRIX (ed.), *Het beproevingsvol-begenadigde leven van begijntje Coleta De Groote (1791-1816), geestelijke dochter van Petrus Theodoor Verhaegen, voorlaatste rector magnificus van de aloude universiteit van Leuven. Brieven en geschriften.* 2001, XV-134 p.
27. Guido HENDRIX, *Onze Lieve Vrouw Ter Hoyen, hortus conclusus van Clausynne Vandennieuwelande.* 2001, XIX-83 p.
28. J. STINISSEN, *Geschiedenis van Agnetendal, het tertiarissenklooster van Peer 1437-1798.* 2001, 363 p.
29. Leo KENIS & Frans GISTELINCK (ed.), *Illi qui vitae lustra tredecim valens explevit. Bij de vijfenzestigste verjaardag van Guido Hendrix.* 2003, [V]-96 p.
30. Frans GISTELINCK & Maurits SABBE (ed.), *Early Sixteenth Century Printed Books 1501-1540 in the Library of the Leuven Faculty of Theology.* Supplement: *Ten Years of Acquisitions 1994-2004*, by Frans GISTELINCK & Luc KNAPEN. 2004, XVII-123 p.
31. *Visitatio Apostolica Episcopatus Leodiensis. Der Nuntius Pier Luigi Carafa (1624-1634) als Visitator im Bistum Lüttich.* Herausgegeben von Joseph WIJNHOVEN. 2004, XXIV-208 p.
32. Barbara BAERT, Reimund BIERINGER, Karlijn DEMASURE, Sabine VAN DEN EYNDE, Noli me tangere. *Maria Magdalena in veelvoud. Tentoonstelling*

Maurits Sabbebibliotheek 23 februari – 30 april 2006, Faculteit Godgeleerdheid, K.U. Leuven. 2006, x-124 p.

32*. Barbara BAERT, Reimund BIERINGER, Karlijn DEMASURE, Sabine VAN DEN EYNDE, Noli me tangere. *Mary Magdalene: One Person, Many Images. Exhibition Maurits Sabbe Library, 23 February – 30 April 2006, Faculty of Theology, K.U.Leuven.* 2006, x-124 p.

33. Luc KNAPEN & Patrick VALVEKENS (ed.), *De palmezelprocessie. Een (on) bekend West-Europees fenomeen?.* 2006, XX-378 p.

34. Brian DOYLE & Reinhart CEULEMANS (ed.), *Ik ben de Heer uw God. De Tien Geboden in traditie, beeld en Bijbel. Lezingenreeks en tentoonstelling, Maurits Sabbebibliotheek september – oktober 2006, Faculteit Godgeleerdheid K.U.Leuven.* Schilderijen van Dora VAN DE LOO. 2007, XIII-151 p.

35. Luc KNAPEN & Leo KENIS (ed.), *Hout in boeken, houten boeken en de 'fraaye konst van houtdraayen'.* 2008, XVI-374 p.

36. Piet SCHOONENBERG, *Theologie als geloofsvertolking. Het proefschrift van 1948.* Uitgegeven door Leo KENIS en Jürgen METTEPENNINGEN. 2008, 25*-XIV-313 p.

37. Guido HENDRIX, *De Westmalse* Acta Sanctorum. *Provenances van Pauscollege tot Guillaume Joseph De Boey. Met biobibliografie van Seraphinus Lenssen, de "bollandist" van de trappisten.* Foto's Gustaaf Janssens. 2010. IV-64 p.

38. Paul BEGHEYN, Bernard DEPREZ, Rob FAESEN, Leo KENIS (ed.), *Jesuits Books in the Low Countries 1540-1773. A Selection from the Maurits Sabbe Library.* 2009. XXV-309 p.

Instrumenta Theologica

1. *Tijdschriftencatalogus 1984. Bibliotheek van de Faculteit der Godgeleerdheid Katholieke Universiteit Leuven.* 1984, IX-126 p.
2. *Lijst van dissertaties en proefschriften voorgelegd aan de Faculteit der Godgeleerdheid van de K.U. Leuven 1970-1984.* 1985, VI-129 p.
3. Willem AUDENAERT, *Thomas a Kempis,* De imitatione Christi *en andere werken. Een short-title catalogus van de 17de en 18de eeuwse drukken in de bibliotheken van Nederlandstalig België.* Met een inleiding door M. LAMBERIGTS. 1985, 287 p.
4. J.A.G. TANS, É. JACQUES, H. SCHMITZ DU MOULIN, M. LAMBERIGTS (ed.), *Lexicon pseudonymorum jansenisticorum. Répertoire de noms d'emprunt employés au cours de l'histoire du jansénisme et de l'antijansénisme.* 1989, 224 p.
5. *Tijdschriftencatalogus van de Bibliotheek van de Faculteit der Godgeleerdheid van de K.U. Leuven, 1989.* 1989, X-271 p.
6. *Conseil International des Associations de Bibliothèques de Théologie 1961-1990.* 1990, VII-123 p.
7. L. ANCKAERT & B. CASPER, *Franz Rosenzweig. A Primary and Secondary Bibliography.* 1990, IX-106 p.
8. J. GROOTAERS & Cl. SOETENS (ed.), *Sources locales de Vatican II. Symposium Leuven – Louvain-la-Neuve 23-25–X–1989.* 1990, 97 p.
9. M. LAMBERIGTS & Cl. SOETENS (ed.), *À la veille du Concile Vatican II. Vota et réactions en Europe et dans le catholicisme oriental.* 1992, IX-277 p.
10. Hanna BLOK & Devorah HERSCH, *Bibliografie over het Jodendom en Israël voor het Nederlandse taalgebied.* 1992, XII-243 p.
11. Guido HENDRIX, *Bibliotheca auctorum, traductorum et scriptorum Ordinis Cisterciensis. Vicariatus Generalis Belgii. Tomus Primus.* 1992, XXXVII-415 p.
12. É. FOUILLOUX (ed.), *Vatican II commence... Approches francophones.* 1993, X-392 p.
13. W. AUDENAERT, met medewerking van G. GINNEBERGE en H. MORLION, *Clavis Foliorum Periodicorum Theologicorum Benelux CFPTh.* 1994, LIII-439 p.
14. L. ANCKAERT & B. CASPER, *An Exhaustive Rosenzweig Bibliography. Primary and Secondary Writings.* 1995, IX-164 p.
15. Thomas-Eric SCHOCKAERT, *Bibliografie van Dom Eligius Dekkers O.S.B., hem aangeboden bij gelegenheid van het verschijnen van de derde editie van de Clavis Patrum Latinorum.* 1995, XX-66 p.
16. K. WITTSTADT & W. VERSCHOOTEN (ed.), *Der Beitrag der deutschsprachigen und osteuropäischen Länder zum Zweiten Vatikanischen Konzil.* 1996, X-265 p.
17. Godelieve GINNEBERGE (ed.), *Conseil International des Associations de Bibliothèques de Théologie. Internationaler Rat der Vereinigungen theologischer Bibliotheken. International Council of Theological Library Associations 1961-1996.* 1996, XII-156 p.

18. M. LAMBERIGTS, Cl. SOETENS, J. GROOTAERS (ed.), *Les commissions conciliaires à Vatican II.* 1996, XI-370 p.
19. D. VANYSACKER, *The Garampi Correspondence. A Chronological List of the Private Correspondence of Cardinal Giuseppe Garampi (1741-1792).* 1997, XXIII-429 p.
20. A. MELLONI (ed.), *Vatican II in Moscow (1959-1965). Acts of the Colloquium on the History of Vatican II, Moscow, March 30 – April 2, 1995.* 1997, XII-351 p.
21. M.T. FATTORI & A. MELLONI (ed.), *Experience, Organisations and Bodies at Vatican II. Proceedings of the Bologna Conference, December 1996.* 1999, XII-484 p.
22. Alois GREILER & Luc DE SAEGER, *Emiel-Jozef De Smedt, Papers Vatican II. Inventory.* With a Preface by Leo DECLERCK. 1999, XXXV-125 p.
23. A. PATTIN, *Miscellanea.* I. *Liber de Causis.* II. *Metafysische thema's en notities.* III. *Belangrijke figuren uit het Middeleeuwse geestesleven.* IV. *Denkers uit Vlaamse gewesten.* V. *Sint-Thomas en Aristoteles. Codicologie en filosofische terminologie.* 2000, 228 + 225 + 139 + 384 + 195 p.
24. L. DECLERCK & W. VERSCHOOTEN, *Inventaire des Papiers conciliaires de Monseigneur Gérard Philips, secrétaire adjoint de la commission doctrinale.* Avec une Introduction par J. GROOTAERS. 2001, LIV-260 p.
25. Joseph J. KOCKELMANS, *The Metaphysics of Aquinas. A Systematic Presentation.* 2001, XIII-357 p.
26. Didier POLLEFEYT, Dirk HUTSEBAUT, Herman LOMBAERTS, Mieke DE VLIEGER, Annemie DILLEN, Joke MAEX, Wim SMIT, *Godsdienstonderwijs uitgedaagd. Jongeren en (inter)levensbeschouwelijke vorming in gezin en onderwijs. Opzet, methode en resultaten van empirisch onderzoek bij leerkrachten rooms-katholieke godsdienst en leerlingen van de derde graad secundair onderwijs in Vlaanderen. With a Summary in English.* 2004, 552 p.
27. Gilles ROUTHIER (ed.), *Réceptions de Vatican II. Le Concile au risque de l'histoire et des espaces humains.* 2004, VII-244 p.
28. L. DECLERCK, *Inventaires des Papiers conciliaires de Monseigneur J. M. Heuschen, évêque auxiliaire de Liège, membre de la commission doctrinale, et du Professeur V. Heylen.* 2005, VII-164 p.
29. *Carnets conciliaires de Mgr Gérard Philips, secrétaire adjoint de la commission doctrinale.* Texte néerlandais avec traduction française et commentaires par K. SCHELKENS. Avec une Introduction par L. DECLERCK. 2006, XXVII-180 p.
30. Hanna en Lodewijk BLOK, Bart WALLET, *Bibliografie over het Jodendom en Israël voor het Nederlandse taalgebied 1992-2006.* 2007, XI-533 p.
31. *Les Agendas conciliaires de Mgr J. Willebrands, secrétaire du Secrétariat pour l'Unité des chrétiens.* Traduction française annotée par L. DECLERCK. With a Preface by Thomas P. STRANSKY c.s.p., Rector emeritus, Tantur. 2009, XL-284 p.
32. *"You Will Be Called Repairer of the Breach". The Diary of J. G. M. Willebrands, 1958-1961.* Edited by Theo SALEMINK. 2009, VII-450 p.

Tentoonstellingen in de Maurits Sabbebibliotheek 1974-2010

Jung en de Gnosis	3-7 nov. 1975
J. Verdegem	14 nov. – 18 dec. 1975
Lika Tov	dec. 1977
Werken van Roger Bonduel, Pierre Caille, Carlo Crapes, Gilbert Decock, Vic Gentils, Rik Poot, Ludo Vastesaeger	17 nov. – 22 dec. 1978
Jansenius en het jansenisme in de Nederlanden	4 april – 6 mei 1979
Bijbel te Leuven	23-28 aug. 1982
Antoine Arnauld en de uitgave van zijn *Oeuvres* 1775-1783	11 jan. – 1 maart 1984
Jansenius en zijn tijd	28 okt. – 28 nov. 1985
Annemie Vande Walle	1986
The Bible Translator William Tyndale and the University of Louvain	19 jan. – 14 febr. 1987
Maimonides 1135-1204	17 febr. – 13 maart 1987
Duizend jaar christendom in Rusland 988-1988	19-29 april 1988
Het begin van de Syrische studies in de Nederlanden	16 aug. – 2 sept. 1988
Biblia Vulgata Lovaniensis 1546-1574	25 aug. – 8 sept. 1989
De Minderbroeders en de Oude Leuvense Universiteit	21 okt. – 20 nov. 1989
Bernardus en de Cisterciënzerfamilie in België (1090-1990)	26 okt. – 8 dec. 1990
Bijbelverhalen in beeld. Houtsculpturen van Frans Guisson	22 april – 18 mei 1991
Kronkronbali: figuratieve terracotta uit West-Afrika met enkele cadensen van José Vermeersch	25 okt. – 14 dec. 1991
Catechese en godsdienstonderricht in historisch perspectief	12 okt. – 10 nov. 1992
Jan Vanriet, Studies voor Johannes	29 sept. – 16 dec. 1994
Postincunabelen in de bibliotheek van de Faculteit Godgeleerdheid K.U.Leuven	1 okt. – 10 dec. 1994
Een gordel van bergen – Jeruzalem	11-31 jan. 1995
Schatten uit onze bibliotheek	15-31 juli 1995
De revolutie in prent en druk	15-16 sept. 1995
Livinus Torrentius: Tweede bisschop van Antwerpen	29 sept. – 26 nov. 1995
Judaica? Pro et contra	april 1996
'Eén uit duizend'. Emblemen in het Mechelse Grootseminarie ter ere van president Petrus Dens (1765)	19 aug. – 4 okt. 1996

Maria in woord en beeld	5-31 mei 1997
Crux interpretum. Luc Hoenraet & Documenta Libraria	19 okt. – 21 dec. 1997
Leuven in beeld. Stadszichten van Leuven in onze bibliotheek	15-31 juli 1998
Met de adem van het leven. Schilderijen van Claire Vanden Abbeele	25 sept. – 8 nov. 1998
Bijbeletsen van Marcus van Loopik en oude nederlandstalige bijbels	4 dec. 1998 – 15 jan. 1999
25 jaar Bibliotheek Faculteit Godgeleerdheid	15 okt. – 30 nov. 1999
Lutgart van Tongeren en Vlaanderen	3-23 dec. 1999
Armand Demeulemeester, Genesis en andere werken	25 febr. – 22 april 2000
Reisverhalen en pelgrimstochten	13 mei – 31 aug. 2000
Boeken voor bibliofielen	30 nov. 2000 – 15 jan. 2001
Van religieuze naar openbare bibliotheek. De geschiedenis van de bibliotheken tussen 1773 en 1803	26 jan. – 23 febr. 2001
Onze Lieve Vrouw Ter Hoyen, hortus conclusus van Clausynne Vandennieuwelande	20 april – 25 mei 2001
Leuven en Rome [onderdeel van Wandeltentoonstelling Leuven –Louvain-la-Neuve. Kennis maken]	15 juni – 22 sept. 2001
Voor-schriften. De kalligrafie van Brody Neuenschwander	16 nov. – 22 dec. 2001
'Inconcussa tutissimaque dogmata'. De rol van de Leuvense theologische Faculteit bij de oorsprong en de ontwikkeling van het jansenisme	11-12 mei 2002
Et incarnatus est. Met de polyptiek van Mechelen en ander werk van Arcabas	3-20 dec. 2002
Septuagint Lexicography	31 okt. – 30 nov. 2003
Emblemata sacra	27 jan. – 3 maart 2005
Noli me tangere. Maria Magdalena in veelvoud	23 febr. – 30 april 2006
De palmezelprocessie. Een (on)bekend West-Europees fenomeen?	8-19 mei 2006
"De Tien Geboden" van Dora van der Loo	29 sept. – 31 okt. 2006
Leuven: een serie aquarellen van Leopold Geysen	22 sept. – 27 okt. 2006
Hout in boeken, houten boeken en *de fraaye konst van het houtdraayen*	1-31 maart 2008
De Universiteit van Leuven en de reguliere clerus. Kloostercolleges en geïncorporeerde kloosters aan de Oude Universiteit	7-8 nov. 2008
Jeezes, da's een goeie! Humor in het christendom	27 april – 9 mei 2009
Collegium Veteranorum	1-31 juli 2009

Tussen Borgloon en Rome. Gerardus Vossius (1547-1609)	5-24 okt. 2009
Jezuïeten en hun boeken in de Lage Landen, 1540-1773	4 dec. 2009 – 16 jan. 2010
De paus uit de Lage Landen. Adrianus VI 1459-1523	23 jan. – 20 febr. 2010